地质雷达探测原理与方法研究

杨 峰 彭苏萍 著

科学出版社
北京

内 容 简 介

本书详细论述了有关地质雷达的基本理论、数据处理方法、资料解释方法和典型应用。本书共分7章，主要内容包括电磁波在岩土介质中的传播规律、地质雷达仪器基本原理及设计、地质雷达常用数据结构、地质雷达资料处理、地质雷达资料解释和地质雷达实际应用。本书的取材大多来自科研和工程实践，注重理论与实践紧密结合，其技术方法主要针对现实需要解决的问题展开讨论。在内容安排上，注重理论的系统性，尽可能在理论探讨上深入浅出，在应用上兼顾各类工程实际。

本书可作为高等院校电子信息、信息与计算科学、应用地球物理等专业研究生教材，也可供雷达系统、矿业工程、隧道工程、道路工程、市政工程等领域的科研和工程技术人员参考。

图书在版编目(CIP)数据

地质雷达探测原理与方法研究/杨峰，彭苏萍著. —北京：科学出版社，2010

ISBN 978-7-03-024731-5

Ⅰ. 地… Ⅱ. ①杨…②彭… Ⅲ. 雷达探测-地质勘探-研究 Ⅳ. P624

中国版本图书馆 CIP 数据核字（2009）第 094439 号

责任编辑：韩　鹏　于宏丽 / 责任校对：陈玉凤
责任印制：赵　博 / 封面设计：王　浩

科 学 出 版 社 出版
北京东黄城根北街 16 号
邮政编码：100717
http://www.sciencep.com

北京富资园科技发展有限公司印刷
科学出版社发行　各地新华书店经销

*

2010 年 4 月第 一 版　　开本：787×1092　1/16
2025 年 2 月第五次印刷　　印张：13 3/4
字数：314 000

定价：88.00 元
（如有印装质量问题，我社负责调换）

前　　言

地质雷达探测是一种快速、连续、非接触电磁波探测技术，它具有采集速度快、分辨率高的特点。自1970年美国生产出第一台商用地质雷达后，国内外相关研究单位或公司便根据各自的研究目标，开展了广泛的开发和应用研究。1995年我从美国回国后，便想将地质雷达技术应用于煤矿井下地质构造和异常体的探测，但因以前的地质雷达装备主要是为地面探测环境设计，设备不防爆，天线内部的信号振荡干扰大，深部反射弱，天线非屏蔽或屏蔽性差，因此不适合矿井使用。针对上述问题和煤炭工业安全生产的迫切需求，我们决定开发一套具有我国全部自主知识产权、主要用于矿井地质构造探测的便携式地质雷达。

技术和装备开发的道路是艰辛的，其中最主要的困难是在我的研究小组中，熟悉地质雷达装备与技术的人手不够。我向中国矿业大学机电学院宁书年教授求援，得到他的大力支持与合作。我们经常在一起讨论，并到国内相关研究单位调研。宁书年教授还介绍自己的助手、青年教师杨峰同志加入到我的课题组。但是，由于我和宁书年教授除合作之外，还有各自的研究项目，在项目研究的前期，有时经常碰不到一起，影响到研究项目的进度。我又向宁书年教授提出请求，希望杨峰同志作为我课题组的博士生，由我和他共同指导，由我全权调配，努力将杨峰同志培养成一位在技术上过硬的专家，这又得到宁教授的无私支持。从1995年至今的15年间，我们都如约去做。2006年，宁书年教授因脑溢血去世。今天，本书出版之际，杨峰同志为主撰写人，我写下这段话，是表达我对宁书年教授的怀念和感谢之意！

杨峰同志跟随我开展地质雷达技术的开发工作15年了，在长期的合作过程中，他表现出科技人员优秀的品质和忘我的敬业精神。1999年，他成为我的在职博士生后，将我在地质雷达研究中的日常管理工作全部承担了下来。我在科研中是严格的，有时批评起来经常不顾情面，他本人有时不但要忍受委屈，还要帮我协调人际关系，很是不易。跟我一起工作，是没有休息日的，有时还经常通宵加班，这对一位有自己家庭的青年教师来说，实属不易。在开展地质雷达开发的过程中，我们解剖了国际上主流探地雷达装备的结构和技术特征，向上百个研发单位和技术人员请教，制定出我们的研发目标，并根据需求和技术进步不断调整和修改我们的研究计划。为了研究工作的正常进行，杨峰同志多次推迟自己的博士毕业时间。我们课题组能在15年内从毫无基础开始，形成了四种型号并具有自主知识产权的地质雷达技术，获得了多项发明专利和软件版权，是课题组科技人员共同努力的结果，这也与杨峰同志的默默努力分不开的。杨峰同志在课题研究中表现出的敬业精神，也是值得我学习的。

本书是我们课题组15年来在地质雷达研发中科研成果的初步总结，是由杨峰同志为主执笔人完成的，也是他15年潜心研究的心血。作为本书的合作者，我希望读者对其进行批评指正，帮助我们在技术和方法上进一步改进，为我们指明进一步努力的方向。我更企盼有人通过本书能与我们结缘，加入到我们课题组，共同进行研究。

在本书出版之际，我要代表我们课题组向关心、支持和指导我们开展这项研究工作的中国工程院院士何继善先生、范维唐先生、钱鸣高先生，中国科学院院士刘光鼎先生、叶连俊先生，原煤炭工业部科教司胡省三先生、刘修源先生，中国矿业大学（北京）宁书年教授，清华大学冯正和教授，中国煤炭地质总局副局长孙升林先生，原郑州矿务局总工程师龚鹏飞先生，中国科学院地质与地球物理研究所的赵永贵研究员，美国劳雷工业公司的高级顾问袁明德先生等表示衷心的感谢！云南矿达科技发展有限公司的张维平总工程师、北京市勘察设计研究院陈昌彦总工程师、北京勘察技术工程有限公司刘同文总工程师、北京星通联华科技发展有限公司王鹏越工程师、北京公联洁达公路养护工程有限公司田立刚工程师、北京奥科瑞检测技术开发有限公司史文建工程师为本书提供部分数据，在此深表感谢！

课题组研究人员苏红旗副教授、鲍秉乾研究员、白崇文总工程师、马凯博士后、郝丽生工程师为本书提供了大量的试验和工程应用素材，同时引用了我的博士生翟波、皱华胜、付国强，硕士生刘杰、彭豪博、程炜、李明锦、赵国平论文的部分素材，在此一并表示衷心感谢！

本书获得了国家自然基金科学仪器基础研究（50127402 和 50927805）和中国矿业大学（北京）煤炭资源与安全开采国家重点实验室自主课题（SKLCRSM08B06）等项目的资助。

彭苏萍

煤炭资源与安全开采国家重点实验室主任

中国工程院院士

2009 年 4 月于北京

目　　录

第 1 章　导　论

地质雷达是近年来发展迅速的高精度无损探测技术，已广泛应用到工程检测和地质勘察中，是近年物探领域研究的热点之一。本章简单介绍了地质雷达的发展历史和应用，最后给出本书的内容安排。

1.1　地质雷达特点

地质雷达向地下发送脉冲形式的高频宽带电磁波，电磁波在地下介质传播过程中，当遇到存在电性差异的地下目标体，如空洞、分界面时，电磁波便发生反射，返回到地面时由接收天线所接收；对接收到的电磁波进行信号处理和分析，根据信号波形、强度、双程走时等参数来推断地下目标体的空间位置、结构、电性及几何形态，从而达到对地下隐蔽目标物的探测。

地质雷达野外探测如图 1.1 所示。

脉冲波的近似行程时间为

$$t = \frac{\sqrt{4z^2 + x^2}}{v} \tag{1.1}$$

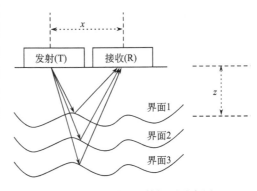

图 1.1　地质雷达野外探测示意图

探地雷达探测目的层深度的计算式为

$$z = \frac{\sqrt{(vt)^2 - x^2}}{2} \tag{1.2}$$

如果发射（T）天线和接收（R）天线之间的距离满足 $x \ll z$，那么式(1.1)和式(1.2)就可以简化为

$$t = \frac{z}{v} \tag{1.3}$$

$$z = \frac{vt}{2} \tag{1.4}$$

地质雷达作为一种新兴的地球物理方法，与其他地球物理方法（如浅层地震勘探、电阻率法、激发极化法）相比，具有以下特点：

（1）分辨率高。地质雷达中心频率为 $10 \sim 1500 \mathrm{MHz}$，其分辨率可达厘米级。

（2）无损性。地质雷达为无损探测技术。

（3）效率高。地质雷达仪器轻便，可连续测量，从数据采集到处理成像一体化，操作简单，采样迅速，所需人员少。

（4）结果直观。地质雷达采用图像实时显示，可在野外定性解释。

（5）地下传播规律复杂。由于地下介质比空气具有较强的电磁波衰减特性，加之地下介质的多样性和非均匀性，电磁波在地下的传播比空气中复杂得多，因而，地质雷达系统涉及的理论面广，技术难度大。

1.2　地质雷达发展历史

1.2.1　地质雷达技术的发展历史

地质雷达的历史最早可追溯到 20 世纪初，1904 年，德国人 Hulsmeyer 首次将电磁波信号应用于地下金属体的探测。1910 年，Leimback 和 Lowy 用埋设在一组钻孔里的偶极子天线探测地下相对高的导电性质的区域，并申请了专利，正式提出了地质雷达的概念。1926 年，Hulsenbeck 第一个提出应用脉冲技术确定地下结构的思路，指出只要介电常数发生变化就会在交界面产生电磁波反射，而且该方法易于实现，优于地震方法。但由于地下介质具有比空气强得多的电磁衰减特性，加之地下介质情况的多样性，电磁波在地下的传播比空气中复杂得多，这使得探地雷达技术的应用发展受到了很多的限制。初期的探测仅限于对波吸收很弱的冰层厚度（Evans，1963；Steenson，1951）和岩石与煤矿的调查等，随着电子技术的发展，直到 20 世纪 70 年代地质雷达技术才重新得到人们的重视，同时美国阿波罗月球表面探测实验的需要，更加速了对地质雷达技术的发展，其发展过程大体可分为三个阶段。

第一阶段，称为试验阶段。从 20 世纪 70 年代初期到 70 年代中期，美国、日本、加拿大等国都在大力研究地质雷达技术，英国、德国也相继有此项技术的论文和研究报告发表，首家生产和销售商用 GPR 的公司问世，即 R. Morey 和 A. Drake 成立的美国地球物理探测公司（GSSI），日本电器设备大学也研制出小功率的脉冲雷达系统。此期间地质雷达技术的进展主要停留在地表附近偶极天线的辐射场以及电磁波与各种地质材料相互作用的关系的认识上，在地质雷达的探测精度和地下杂乱回波中目标体的识别等方面依然存在许多问题。

第二阶段，称为实用化阶段。从 20 世纪 70 年代中后期到 80 年代，地质雷达技术不断发展，美国、日本、加拿大等相继推出定型的地质雷达系统。在国际市场，主要有美国的地球物理探测公司（GSSI）的 SIR 系统、日本应用地质株式会社（OYO）的 YL-R2 地质雷达、英国煤气公司的 GP 管道雷达；20 世纪 70 年代末，加拿大 A-Cube 公司的 Annan 和 Davis 等在 1998 年创建了探头及软件公司（SSI），针对 SIR 系统的局限性以及野外实际探测的具体要求，在系统结构和探测方式上进行了重大的改进，大胆采用了微型计算机控制、数字信号处理以及光缆传输高新技术，发展成了 EKKO Ground Penetrating Radar 系列产品，简称 EKKO GPR 系列；瑞典地质公司（SGAB）也生产出 RAMAC 钻孔雷达系统，此外，英国 ERA 公司、SPPSCAN 公司，意大利 IDS 公司，瑞典及丹麦也都在生产和研制各种不同型号的雷达。20 世纪 80 年代，全数字化地质雷达的问世具有划时代的意义，数字化 GPR 不仅提供了大量数据存储的解决方案，增强了实时和现场数据处理的能力，为数据的深层次后处理带来方便，更重要的是 GPR 因此显露出更大的潜力，应用领域也不断向纵深拓展。

第三阶段，称为完善和提高阶段。从 20 世纪 80 年代至今，GPR 技术突飞猛进，更多的国家开始关注地质雷达技术，出现了很多地质雷达的研究机构，如荷兰的应用科学研究组织和代尔夫大学、法国和德国的 Saint-Louis 研究所（ISL）、英国的 DERA、瑞典的 FOA、挪威科技大学的地质研究所、南非的开普敦大学、澳大利亚昆士兰大学、美国的林肯实验室和 Lawrence Livermore 国家实验室以及日本等都先后成立了专门研究机构。同时，地质雷达通过对天线的改进、信号处理和地下目标的成像等方面提出了许多新的见解，也得到了地球物理和电子工程界的更多关注。GSSI 公司在商业上取得了极大的成功，Pulse Radar 公司、Panetradar 公司以及加拿大的 SSI 公司也在此期间发展迅速。进入 21 世纪以后，地质雷达逐渐向更多的领域拓展，在矿产调查、考古、地质勘探、铁路、公路、水文、农业、环境工程、土木工程、市政设施维护以及刑事勘察等各领域都有重要的应用，解决地质构造、场地勘察、线路选择、工程质量检测、病害诊断、超前预报、垃圾填埋场环境污染研究等问题。

我国地质雷达的研制工作起步较晚，在 20 世纪 70 年代中期，以煤炭科学研究总院重庆分院高克德教授为首的地质雷达专题小组，针对煤矿生产特点研制开发了地质雷达产品（KDL 系列矿井防爆雷达仪）。20 世纪 80 年代末到 90 年代初，随着国内地质雷达仪器研制水平的提高及国外先进仪器的引进，国内不少高校和科研单位开展了地下目标探测方面的工作，其中电子科技大学、西安交通大学、中国电子科技集团公司第二十二研究所、中国电子科技集团公司第五十研究所、中国科学院长春物理研究所、北京遥感设备研究所、北京理工大学、清华大学、西南交通大学、北京爱迪尔公司等单位先后研制了地质雷达试验系统，并在其中某些技术上取得了一些成果。20 世纪 90 年代末和 21 世纪初，中国矿业大学（北京）根据国内煤炭发展需要，成立仪器项目开发组，开始着手地质雷达的研制，并于 2004 年开发出具有自主知识产权的地质雷达产品。

近几年来，地质雷达在硬件方面的发展已趋于平稳，仪器生产厂家把重点放在如何提高数据采集速率和信噪比、数据处理算法和解释软件的智能化等方面。

1.2.2　地质雷达信号处理与解释技术的发展

电磁波在地下的传播过程十分复杂，各种噪声和杂波的干扰非常严重，正确识别各种杂波和噪声，提取有用信息是地质雷达解释的重要环节，是对雷达记录进行各种数据处理是关键。由于电磁波在地下的传播形式与地震波十分相似，而且地质雷达数据剖面也类似于反射地震数据剖面，因此反射地震数据处理的许多有效技术均可用于地质雷达数据处理中，但电磁波和地震波存在着动力学差异，如强衰减性，因此单一地移植、借鉴地震资料处理技术是不够的，电磁波在湿的地层中衰减比在干的情况下要大，而地震波却恰好相反，而且地质雷达的穿透深度比地震波要浅得多。

雷达常规信号处理方法主要有如下几种：①多次叠加来压制随机噪声；②单道测量记录减去各道平均值来压制相干噪声；③时变增益来补偿由波前扩展及介质吸收引起的信号能量损失；④低频、高通、带通等滤波方式消除干扰频率；⑤反褶积处理把雷达记录变成反射系数序列以达到消除大地干扰，从而提高信号的纵向分辨率；⑥偏移处理则是把雷达记录中的每个反射点移到其本来位置，从而获得反映地下介质的真实图像，偏移处理对直立体的绕射、散射产生的相干干扰信号的消除具有较好的作用。

近几年随着数字信号处理技术的发展，又出现新的雷达信号处理方法：利用小波变换的调焦功能和频域-时域双重局部性来压制噪声；将小波和神经网络相结合实现雷达信号去噪目的；根据雷达有效信号和干扰信号在视速度上的差异，在频率-波数域上进行二维滤波达到去噪目的；通过分形技术、Hilbert变换等方法提取雷达波的有效信息，从而提高信号分辨率；利用水平预测技术压制雷达水平噪声的干扰；利用雷达信号的统计学特征来达到去噪目的等。

地质雷达模型研究主要包括正演模型和反演模型。在数值模拟正演技术方面，众多的研究成果在20世纪90年代得到详尽的报道。其中代表性的文献有Burke和Miller以及Turner分别采用磁矩法模拟了半空间的线状物体的电磁波的时间响应，并研究不同高度上的偶极天线近区和远区场特性；J. M. Carcione（1996）阐述了有耗各向异性介质中雷达波理论，对二维TM及TE极化模式下的波场进行了数值模拟，并对雷达天线的辐射模式开展了研究；Cai等（1995）应用射线追踪法进行了二维介质中雷达波的传播与模拟研究。随着计算电磁学技术的发展，时间域有限差分法成为探地雷达模拟计算的首选方法，在此后一段时间内，发表了大量文章描述该技术在探地雷达天线辐射正演模拟方面的应用。其中典型代表作有文献（Roberts et al.，1997；Tirkas et al. 1992；Maloney et al.，1990）等。我国学者在这方面也进行许多探索，沈飚等于1997年以实际发射的脉冲子波为基础，利用正演模拟技术，模拟了雷达波在层状铺垫介质中的反射曲线，分析、解释了与之对应的公路路面下的铺垫结构。西安电子科技大学的詹毅利用FDTD方法研究了脉冲探地雷达在有耗、色散、不均匀土壤中的应用；翟波、何兵寿、岳建华、邓世坤、冯德山等也利用FDTD方法对地质雷达进行了数值模拟，研究了不同地电模型雷达波的响应特征，FDTD方法的应用使地质雷达的理论研究达到了一个新的高峰。

在反演方面，德国S. J. Makky等提出了一种改进的反演模型，并用测试数据成功地反演出埋藏在混凝土中钢筋的图像。文海玉采用全局优化反演算法，反演出地下介质的参数；王兆磊利用地质雷达二维数据资料反演出地下介质的参数。但总体说来，反演结果与实际应用相差较远，因而目前能用于地质雷达数据解释或反演的成果并不多见。

1.2.3　地质雷达需要深入研究领域

地质雷达技术在很多行业都得到较好的开发，在实际探测应用过程中，地质雷达容易受到各种信号的干扰，这种干扰既有来自内部环境，也有来自外部环境；同时电磁波在介质中传播具有色散和指数衰减等规律，这与探空雷达存在很大的不同。地下介质传播特性造成地质雷达在实际应用中存在多解性问题。因此为了使地质雷达更好地服务于生产，需要在以下技术作进一步深入研究。

（1）减少硬件系统的内部干扰，提高有效信号的信噪比。内部干扰需要对仪器采集系统进行如下改进：①提高步进精度，减小步进抖动；②提高接收机的接收信号的动态范围和灵敏度；③提高天线系统的发射和接收效率；④提高天线屏蔽效果，减少耦合信号干扰。

（2）增强弱信号提取技术。地层反射信号往往很弱，而干扰信号却很强，如何在强干扰背景下来提取有效的弱反射信号，这也是地质雷达技术发展过程中需要进一步深入研究的内容。

（3）拓宽资料解释的方法，研究定量解释技术。目前雷达探测多以定性解释为主，如何确定含水量、松散度等量化标准有待于进一步深入研究。

1.3　地质雷达的应用

地质雷达是近几年迅速发展起来的高分辨、高效率的无损探测技术，是目前工程检测和勘察最为活跃的技术方法之一，在岩土工程中的应用日趋广泛。目前地质雷达技术已应用到各个行业，如采矿工程、水利水电工程、地质工程、岩土工程勘察、建筑工程、桥梁道路、隧道工程、管线勘测、环境检测和考古等。

1. 在采矿工程中的应用

地质雷达可用于探测采空区、陷落柱、渗水裂隙、断层破碎带、瓦斯突出、巷道围岩松动圈以及采场充填等。在加拿大，地质雷达广泛应用于矿山，在基德克里克矿，技术人员采用 100MHz 天线探测金属矿中地质不连续面，矿柱完整性，试验结果表明，地质雷达在地下硬岩矿山的应用中获得了良好效果。澳大利亚 A. F. Siggins 应用地质雷达探测井下岩层裂隙。南非采矿业近年实践证明，地质雷达可广泛应用于岩层的定量研究。地质雷达紧密结合煤矿开采需要，对矿井中的含水层、陷落柱、裂隙带、风化带、采空区冒落带、塌方、断层、煤层瓦斯突出等灾害隐患的探测均获得良好效果。

2. 在水利水电工程中的应用

地质雷达主要用于探测堤坝工程隐患和坝基选址调查。国内外大量应用研究表明，地质雷达成功应用于江岸边坡塌陷调查、坝基勘察和渗漏调查，堤坝的裂缝、动物洞穴等工程灾害隐患探测。中国科学院院士袁道先先生曾经呼吁：可以利用地质雷达等手段对长江流域的地质情况做一次全面的勘察，特别是根据隐伏岩溶的存在，水库蓄水后水位波动将造成岩溶塌陷的特性展开岩溶隐患整治工作，搞清隐患岩溶的具体位置，确定在不同的条件下隐患岩溶对地面设施的作用方式，进而制定一个科学的治理方案。

3. 在地质工程和岩土工程勘察中的应用

地质雷达主要用于建筑物地基勘察（如地质异常、旧地基、溶洞、采空区探测）、边坡稳定性调查、基岩面探测、地基夯实加固检测、土壤信息测定与评价、地质结构灾害和地下水探测以及地下环境监测。

4. 在机场跑道、公路工程中应用

地质雷达近年来成为高速公路、机场跑道检测的一项新技术，它的优点在于对工程可进行无损的连续检测，精度高、速度快。它不仅能准确地揭示面层和基层厚度的变化情况，还可以通过改变天线频率，检测道基层以下的路基和原状地基土中存在的病害隐患，从而在施工中尽早处理，确保机场、高速公路的运营安全。在这方面美国已研制专门用于高速公路质量检测的地质雷达系统。

5. 在隧道工程中应用

地质雷达主要用于隧道质量检测、隧道病害诊断、隧道掘进超前预报。法国在 20 世纪 80 年代就开始采用探地雷达检测公路隧道，瑞士的 P. Holub 等于 1994 年使用地质雷达检测隧道质量。在我国，在隧道施工过程中，地质雷达也成为检测隧道质量的主要工具。

6. 在环境工程及考古中的应用

地质雷达可以用来进行地下掩埋垃圾场的调查，以确定年代久远的垃圾场的确切位置以及评价有害物质对周围介质或地下水的污染程度。近年来，地质雷达被考古学界所接受和采用来对古墓开展挖掘前的探测。

1.4　本书的内容安排

本书重点介绍地质雷达采集系统的基本原理、信号处理技术和常用的资料解释，最后给出典型应用实例。本书对地质雷达的应用人员和研究人员均有参考价值。

第 2 章介绍工程岩土中的电性参数特征和电磁场传播基本原理。

第 3 章从雷达采集系统设计出发，介绍地质雷达数据采集的结构和相应基本原理。

第 4 章主要介绍目前国内常用的不同型号地质雷达设备数据存储格式，为数据处理人员研究不同数据之间的相互转换提供方便。

第 5 章主要以中国矿业大学（北京）开发的地质雷达软件系统为蓝本，介绍常用数据处理的基本原理和实现方法。

第 6 章主要介绍目前地质雷达在资料解释方面的技术方法。

第 7 章主要介绍地质雷达在不同领域的应用。

参 考 文 献

陈义群，肖柏勋. 2005. 论探地雷达的现状与发展. 工程地球物理学报，2（2）：149～155

戴前伟，冯德山，王启龙，等. 2004. 时域有限差分在地质雷达二位正演模拟中的应用. 地球物理学进展，19（4）：898～902

邓世坤. 1993. 探地雷达图像的正演合成与偏移处理. 地球物理学报，36（4）：528～535

冯德山. 2003. 地质雷达二维时域有限差分正演. 长沙：中南大学博士论文

冯德山，戴前伟，左德勤. 2004. 地质雷达二维时域有限差分正演. 勘察科学技术，6：35～37

李才明，王良书，徐鸣杰，等. 2006. 基于小波能谱分析的岩溶区探地雷达目标识别. 地球物理学报，49（5）：1499～1504

李大心. 1994. 探地雷达方法与应用. 北京：地质出版社

陆群. 2003. 基于高阶累积量的探地雷达信号处理. 信号处理，19（6）：583～585

彭苏萍，杨峰，苏红旗. 2002. 高效采集地质雷达的研制与实现. 地质与勘探，38（5）：63～65

唐大荣. 1995. 地质雷达数据的拟浅层地震资料处理. 物探化探计算技术, 17 (3): 10~14

王群, 倪宏伟, 徐毅刚. 2003. 基于小波能量特征的探雷方法研究. 数据采集与处理, 18 (2): 156~160

文海玉. 2003. 探地雷达的一种全局优化算法. 哈尔滨: 哈尔滨工业大学博士论文

谢雄耀, 万明浩. 2000. 复信号分析技术在地质雷达信号处理中的应用. 物探化探计算技术, 22 (2): 108~112

薛桂霞, 王鹏. 2006. 探地雷达时域有限差分法正演模拟. 物探与化探, 30 (3): 244~246

杨峰. 2004. 地质雷达系统及其关键技术的研究. 北京: 中国矿业大学 (北京) 博士论文

袁明德. 2001. 地质雷达的最新进展. 地质装备, 2 (3): 15~19

曾昭发, 高尔根. 2005. 三维介质中探地雷达 (GPR) 波传播逐段迭代射线追踪方法研究和应用. 吉林大学学报 (地球科学版), 35 (7): 120~123

翟波. 2007. 道路病害探地雷达解释方法研究. 北京: 中国矿业大学 (北京) 博士论文

赵安兴, 蒋延生, 汪文秉. 2005. 独立分量分析在探地雷达信号处理中的应用初探. 煤田地质与勘探, 33 (6): 64~67

赵永辉, 吴建生, 万明浩. 2000. 多次叠加技术在探地雷达资料处理中的应用. 物探与化探, 24 (3): 215~218

赵永辉, 吴建生, 万明浩. 2001. 应用分形技术提取探地雷达高分辨率信息. 物探与化探, 25 (1): 40~44

邹海林, 宁书年, 林捷. 2004. 小波理论在探地雷达信号处理中的应用. 地球物理学进展, 19 (2): 268~275

邹华胜. 2008. 基于雷达数据支持向量机识别路基病害算法研究. 北京: 中国矿业大学 (北京) 博士论文

Cai J, McMechan G A. 1995. Ray-based synthesis of bistatic ground-penetrating radar profile. Geophysics, 60: 87~96

Cai J, McMechan G A. 1999. 2-D Ray-based tomograohy for velocity, layer shape, and attenuation from GPR data. Geophysics, 64: 1579~1593

Carcione J M. 1996. Ground-penetrating radar: Wave theory and numerical simulation in lossy anisotropic media. Geophysics, 61: 1664~1677

Chen H W, Huang T M. 1998. Finite-difference time-domain simulation of GPR data. Journal of Applied Geophysics, 40: 139~143

Daniels D J. 1996. Surface-Penetrating Radar. London: The Institution of Electrical Engineers

Eide E S. 2000. Ultra-wideband transmit/receive antenna pair for ground penetrating radar. IEE Proc. Microw. Antennas Propag., 147 (3): 232~235

Evans S. 1963. Radio techniques for the measurement of ice thickness. Polar Record, 406~410

Goodman D. 1994. Ground-penetrating radar simulation in engineering and archeology. Geophysics, 59: 224~232

Gürel L. 2000. Three-dimensional FDTD modeling of a ground-penetrating radar. IEEE Transactiond on Geoscience and Remote Sensing, 38 (4): 1513~1521

Holland R. 1994. Finite-difference time-domain (FDTD) analysis of magneticdiffusion. IEEE Trans. Electromagn. Compat., 36 (1): 32~39

Holliger K, Bergman, T. 1993. Numerical modeling of borehole georadar data. Geophysics, 67: 1249~1257

Maloney J G, Smith G S, Scott W R. 1990. Accurate computation of the radiation from simple antennas using the finite-difference timedomain method. IEEE Trans. Antennas Propag., 38: 1059~1068

Peters L, Daniels J. 1994. Ground penetrating radar as a subsurface environmental sensing tool. Proc. of The IEEE, 82 (12): 180~182

Roberts R L, Daniels J J. 1997. Modeling near-field GPR in three dimensions using the FDTD method. Geophysics, 62 (4): 1114~1126

Steenson B O. 1951. Radar methods for the exploration of glaciers. Ph. D. Thesis, California Institute of Technology, Pasadena, California

Tirkas P A, Balanis C A. 1992. Finite-difference time-domain method for antenna radiation. IEEE Trans., Mar., 40 (3): 334~340

Zeng X, McMechan G, Cai J. 1995. Comparison of ray and Fourier methods for modeling monostatic ground penetrating radar profiles. Geophysics, 60: 1727~1734

第2章　岩土介质电磁波传播原理

地质雷达通过发射电磁波进行地下目标探测，是研究超高频短脉冲电磁波在地下介质中传播规律的一门科学。对电磁波的产生、介质中电磁波的传播规律的了解，是进行地质雷达资料处理与解释的基础。电磁波是交变电场与磁场相互激发并在空间传播的波动，为了掌握地质雷达检测理论基础，本章对介质中的电磁场、电磁波的传播、波速、衰减、反射与折射的理论进行基本介绍。

2.1　岩土介质的主要电性参数
（电导率、磁导率与介电常数）

岩土介质中与地质雷达探测技术密切相关的电性参数主要有电导率、磁导率与介电常数。

1. 电导率参数

1）体电流密度矢量 J

在体积中流动电流的某一点上，若正电荷的运动方向（即电流方向）为 n，ΔS 为该点上垂直于 n 的面元，ΔI 为面元上通过的电流，则定义矢量

$$J = \lim_{\Delta s \to 0} \frac{\Delta I}{\Delta S} n = \frac{\mathrm{d}I}{\mathrm{d}S} n \tag{2.1}$$

式中，J 为该点上的体电流密度，其大小为垂直于 J 的单位面积上穿过电流，方向为电流流动的方向。在恒定电流中，J 不是时间 t 的函数，但是，它是空间坐标变量的矢量函数，即 $J = J(x, y, z)$。

若已知电流体密度 J 的分布，就可以计算通过某面 S 的电流 I，即

$$I = \int_s J \cdot \mathrm{d}S \tag{2.2}$$

2）电导率

对于多数导电介质，其中任一点的电流密度 J 与电场强度 E 之间的关系为

$$J = \sigma E \tag{2.3}$$

式中，σ 为导电介质的电导率，单位是 S/m［西（门子）/米］，其导数为电阻率。在均匀、线性、各向同性介质中，σ 是个常数。式(2.3)称为欧姆定律的微分形式。

电导率（电阻率的倒数）是表征介质导电能力的参数，它对于电磁波的传播有重要影响。

低电导：$\sigma < 10^{-7}\text{S/m}$，电磁波衰减小，适宜雷达工作。此类介质有空气、干燥花

岗岩、干燥灰岩、混凝土、沥青、橡胶、玻璃、陶瓷等。

中电导：$10^{-7}\,S/m < \sigma < 10^{-2}\,S/m$，电磁波衰减较大，雷达勉强工作。此类介质有淡水、淡水冰、雪、砂、淤泥、干黏土、含水玄武岩、湿花岗岩、土壤、冻土、砂岩、黏土岩、页岩等。

高电导：$\sigma > 10^{-2}\,S/m$，电磁波衰减极大，难于传播。此类介质有湿黏土、湿页岩、海水、海水冰、湿沃土、含水砂岩、含水灰岩、金属物等。

2. 磁导率参数

磁导率是一个无量纲物理量，它表征介质在磁场作用下产生磁感应能力的强弱。绝大多数工程介质都是非铁磁性物质，磁导率都接近 1，对电磁波传播特性无重要影响；纯铁、硅钢、坡莫合金、铁氧体等材料为铁磁性物质，其磁导率很高，达到 $102\sim104$，电磁波在这些物质中传播时波速和衰减都受到很大影响。

3. 介电常数参数

物体中存在着自由电荷与束缚电荷，自由电荷受到电场力作用时发生运动，而不受原子束缚；束缚电荷在电场中除受电场力作用外，还受原子力的束缚，只能在一定的范围内运动。一般情况下，介质中的电荷数量相等，对外呈中性。

当电介质被放入外电场中时，其内部的束缚电荷在外电场作用下在一定范围内发生运动，束缚电荷的分布发生变化，这种现象称电介质的极化。能在电场中极化的物质称为电介质，它是指不具有任何明显导电性的物质或物体。一般情况下，所有的物质都具有一定的导电能力和极化能力，也就是说既是导体又是电介质。物质的介电性质或者说极化能力一般用介电常数描述

$$\varepsilon = \varepsilon_0(1 + \chi_e) \tag{2.4}$$

式中，ε_0 为真空的介电常数；χ_e 为介质的极化率。介电常数是一个无量纲的物理量，表征一种物质在外加电场情况下，储存极化电荷的能力。式(2.4)还可表示为

$$\varepsilon = \varepsilon_r \cdot \varepsilon_0 \tag{2.5}$$

式中，ε_r 为相对介电常数，它是指介质的介电常数比真空的介电常数大多少。在地质雷达的应用中，相对介电常数是反映地下介质电性的一个重要参数。介电常数不同的两种介质的界面，会引起电磁波的反射，反射波的强度与两种介质的介电常数及电导率有关，即使介电常数的差异只有 1 时，也能产生雷达可以检测到的反射波。

从上述简单讨论可以知道，除非遇到铁磁性材料介质，大部分岩土介质的电性差异主要由电导率和介电常数决定，因此在地质雷达探测中，我们要关注这两种电性参数。

2.2　岩土主要介质的电磁性质

各类岩石、土的电磁学性质有了很多的研究和测定，空气是自然界中电阻率最大、介电常数最小的介质，电磁波速最高，衰减最小。水是自然界中介电常数最大的介质，

电磁波速最低。干燥的岩石、土和混凝土的电磁参数虽有差异，但差异不大，基本上多数属于高阻介质，介电常数为4~9，属中等波速介质。但是由于各类岩土不同的孔隙率和饱和水程度，显现出较大的电磁学性质差异。这些差异表现在介电常数和电导率方面，决定了不同岩性对应不同的波速和不同的衰减。表2.1是一些常用工程介质电磁参数测定结果。

表 2.1　常用工程介质电磁参数表

介质名称		电导率 $\sigma/(S/m)$	相对介电常数 ε_r
空气		0	1
纯水		$10^{-4}\sim3\times10^{-2}$	81
海水		4	81
淡水冰		10^{-3}	4
花岗岩（干燥）		10^{-8}	5
石灰岩（干燥）		10^{-9}	7
黏土（饱水）		$10^{-1}\sim1$	8~12
雪（密实）		$10^{-6}\sim10^{-5}$	1.4
干砂		$10^{-7}\sim10^{-3}$	4~6
饱水砂		$10^{-4}\sim10^{-2}$	30
饱水淤泥		$10^{-3}\sim10^{-2}$	10
海水冰		$10^{-2}\sim10^{-1}$	4~8
玄武岩（湿）		10^{-2}	8
花岗岩（湿）		10^{-3}	7
页岩（湿）		10^{-1}	7
砂岩（湿）		4×10^{-2}	6
石灰岩（湿）		2.5×10^{-2}	8
铜		5.8×10^{-7}	1
铁		10^6	1
冻土		$10^{-5}\sim10^{-2}$	4~8
沥青（干燥）		$10^{-3}\sim10^{-2}$	2~4
沥青（潮湿）		$10^{-2}\sim10^{-1}$	10~20
混凝土（干燥）		$10^{-3}\sim10^{-2}$	4~10
混凝土（潮湿）		$10^{-2}\sim10^{-1}$	10~20
土壤	干砂	1.4×10^{-4}	2.6
	湿砂	6.9×10^{-3}	25
	干沃土	1.1×10^{-4}	2.5
	湿沃土	2.1×10^{-2}	19
	干黏土	2.7×10^{-4}	2.4
	湿黏土	5.0×10^{-2}	15

2.3 电磁场基本理论

2.3.1 麦克斯韦方程组与本构方程

地质雷达采用高频电磁波进行探测，根据电磁波传播理论，高频电磁波在介质中的传播也满足麦克斯韦方程组，即

$$\nabla \times \boldsymbol{E} = -\frac{\partial \boldsymbol{B}}{\partial t} \tag{2.6a}$$

$$\nabla \times \boldsymbol{H} = \boldsymbol{J} + \frac{\partial \boldsymbol{D}}{\partial t} \tag{2.6b}$$

$$\nabla \cdot \boldsymbol{B} = 0 \tag{2.6c}$$

$$\nabla \cdot \boldsymbol{D} = \rho \tag{2.6d}$$

式中，ρ 为电荷密度（C/m³）；$\boldsymbol{J}$ 为电流密度（A/m²）；$\boldsymbol{E}$ 为电场强度（V/m）；$\boldsymbol{D}$ 为电位移（C/m²）；$\boldsymbol{B}$ 为磁感应强度（T）；$\boldsymbol{H}$ 为磁场强度（A/m）。

式(2.6a)称为微分形式的法拉第电磁感应定律；式(2.6b)称为安培电流环路定律，其中由麦克斯韦引入的一项 $\frac{\partial \boldsymbol{D}}{\partial t}$ 称为位移电流密度 $\boldsymbol{J}_\mathrm{d}$，即

$$\boldsymbol{J}_\mathrm{d} = \frac{\partial \boldsymbol{D}}{\partial t} \tag{2.7}$$

麦克斯韦（Maxwell）方程组是宏观电磁现象的理论基础，反映了电场和磁场之间以及它们与电荷和电流之间相依关系的普遍规律，麦克斯韦方程组描述了电磁场的运动学规律和动力学规律，是研究电磁理论的基本方程。其中 $\boldsymbol{E}$、$\boldsymbol{B}$、$\boldsymbol{D}$ 和 $\boldsymbol{H}$ 这四个矢量称为场量，是在问题中需要求解的；$\boldsymbol{J}$ 和 ρ 均称为源量，前者为矢量，后者为标量。然而，要充分地确定电磁场的各场量，求解上述方程的四个参数是不够的，必须补进介质的本构关系。

所谓的本构关系是指场量与场量之间的关系，决定于电磁场所在介质中的性质。介质是由分子或原子组成，在电场和磁场的作用下，会产生极化和磁化现象。对于均匀、线性和各向同性介质来说，其本构关系可简化为

$$\boldsymbol{J} = \sigma \boldsymbol{E} \tag{2.8a}$$

$$\boldsymbol{D} = \varepsilon \boldsymbol{E} \tag{2.8b}$$

$$\boldsymbol{B} = \mu \boldsymbol{H} \tag{2.8c}$$

式中，ε 为介电常数（F/m）；μ 为磁导率（H/m）；σ 为电导率（S/m）。从本构关系可以看出，$\boldsymbol{E}$ 和 $\boldsymbol{B}$ 是独立的实际场矢量，而 $\boldsymbol{D}$ 和 $\boldsymbol{H}$ 是非独立的引出场矢量，这样麦克斯韦方程组的两个旋度方程和两个散度方程正好充分地描述了两个实际矢量场 $\boldsymbol{E}$ 和 $\boldsymbol{B}$ 的运动规律。结合介质的本构关系，麦克斯韦微分方程组可以写成只含有两个矢量场的形式，如下：

$$\nabla \times \boldsymbol{E} = -\mu \frac{\partial \boldsymbol{H}}{\partial t} \tag{2.9a}$$

$$\nabla \times \boldsymbol{H} = \varepsilon \frac{\partial \boldsymbol{E}}{\partial t} + \boldsymbol{J} \tag{2.9b}$$

$$\nabla \cdot (\mu \boldsymbol{H}) = 0 \tag{2.9c}$$

$$\nabla \cdot (\varepsilon \boldsymbol{E}) = \rho \tag{2.9d}$$

这个已包含本构关系在内的方程组称为限定形式的麦克斯韦方程组。

2.3.2　电磁场的波动方程

麦克斯韦方程组表明：随时间变化的磁场的周围伴随有随时间变化的电场，随时间变化的电场周围也伴随有随时间变化的磁场。也就是说，变化的电场产生变化的磁场，变化的磁场也会激起变化的电场，它们相互激发相互转化，并以有限的速度向远处传播，于是形成了电磁波动。

根据麦克斯韦方程，对方程（2.9a）和方程（2.9b）两边再取一次旋度，并互相代入后得

$$\nabla \times \nabla \times \boldsymbol{H} + \mu\varepsilon \frac{\partial^2 \boldsymbol{H}}{\partial t^2} = \nabla \times \boldsymbol{J} \tag{2.10a}$$

$$\nabla \times \nabla \times \boldsymbol{E} + \mu\varepsilon \frac{\partial^2 \boldsymbol{E}}{\partial t^2} = -\mu \frac{\partial \boldsymbol{J}}{\partial t} \tag{2.10b}$$

再利用恒等式 $\nabla \times \nabla \times F = \nabla(\nabla \cdot F) - \nabla^2 F$，并将方程（2.9c）和方程（2.9d）代入式（2.10a）及式（2.10b）后，得

$$\nabla^2 \boldsymbol{E} \quad \mu\varepsilon \frac{\partial^2 \boldsymbol{E}}{\partial t^2} = \mu \frac{\partial \boldsymbol{J}}{\partial t} + \frac{1}{\varepsilon} \nabla \rho \tag{2.11a}$$

$$\nabla^2 \boldsymbol{H} - \mu\varepsilon \frac{\partial^2 \boldsymbol{H}}{\partial t^2} = -\nabla \times \boldsymbol{J} \tag{2.11b}$$

式（2.11a）、式（2.11b）称为电磁场的非齐次波动方程，其中

$$\boldsymbol{J} = \boldsymbol{J}' + \sigma \boldsymbol{E} \tag{2.12}$$

式中，$\boldsymbol{J}'$ 为非电性外加源等效电流；$\sigma \boldsymbol{E}$ 为传导电流，且

$$\nabla \cdot \boldsymbol{J} = -\frac{\partial \rho}{\partial t} \tag{2.13}$$

为电流连续性方程。

在无外源（即 $\boldsymbol{J}' = 0$）情况下，且介质是线性、均匀且各向同性时，式（2.11a）、式（2.11b）可简化为

$$\nabla^2 \boldsymbol{E} - \mu\varepsilon \frac{\partial^2 \boldsymbol{E}}{\partial t^2} - \sigma\mu \frac{\partial \boldsymbol{E}}{\partial t} = 0 \tag{2.14a}$$

$$\nabla^2 \boldsymbol{H} - \mu\varepsilon \frac{\partial^2 \boldsymbol{H}}{\partial t^2} - \sigma\mu \frac{\partial \boldsymbol{H}}{\partial t} = 0 \tag{2.14b}$$

式（2.14a）、（2.14b）即为齐次波动方程，$\boldsymbol{E}$ 和 $\boldsymbol{H}$ 一般可有 3 个分量，且每一个分量还可以是三维坐标变量 (x, y, z) 及时间 t 的函数。

若是在无损介质（即 $\sigma = 0$）中，式（2.14a）和式（2.14b）可简化为

$$\boldsymbol{\nabla}^2 \boldsymbol{E} - \mu\varepsilon \frac{\partial^2 \boldsymbol{E}}{\partial t^2} = 0 \qquad (2.15\text{a})$$

$$\boldsymbol{\nabla}^2 \boldsymbol{H} - \mu\varepsilon \frac{\partial^2 \boldsymbol{H}}{\partial t^2} = 0 \qquad (2.15\text{b})$$

为了讨论方便，考虑一维空间情况，设 $\boldsymbol{E}$ 仅与坐标变量 z 有关，在直角坐标系中，若电磁场的场量仅与一个坐标变量有关，则该场量不可能具有该坐标分量，即 $E_z = H_z = 0$。与 x、y 无关，即 $\frac{\partial}{\partial x} = \frac{\partial}{\partial y} = 0$，令电场强度方向为 x 方向，即 $\boldsymbol{E}$ 只有 E_x 分量，则式(2.15a)式(2.15b)可简化为

$$\frac{\partial^2 E_x}{\partial z^2} = \mu\varepsilon \frac{\partial^2 E_x}{\partial t^2} \qquad (2.16)$$

此方程的通解为

$$E_x = f_1(z - vt) + f_2(z + vt) \qquad (2.17)$$

式中，$v = \dfrac{1}{\sqrt{\mu\varepsilon}}$，相应的 $\boldsymbol{H}$ 的解可直接由麦克斯韦方程得出。

$f_{1,2}\,(z \pm vt)$ 是时间 t 和距离 z 的函数，当在某个时刻 $t = t_1$，$f_1(z - vt_1)$ 是 z 的函数，如图 2.1(a)所示，当 t 由 t_1 增大到 $t_2 = t_1 + \Delta t$ 后，$f_1(z - vt_2)$ 仍为 z 的同形函数，仅仅是在 z 轴上向 $+z$ 方向移动了距离 $v\Delta t$，$\Delta t = t_1 - t_2$，如图 2.1(b)所示。这表明 $f_1(z - vt)$ 表示一个向 $+z$ 方向以速度 v 传播的波，同理，$f_2(z + vt)$ 表示一个向 $-z$ 方向以速度 v 传播的波。可见电磁场是以电磁波的形式存在，波动方程表征了电磁波的传播方式。

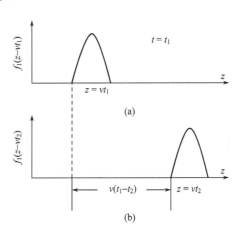

图 2.1　沿 $+z$ 方向传播的波

2.4　电磁波在岩土介质中的传播

地质雷达利用天线产生电磁场能量以电磁波的形式在介质中传播，根据电磁波的波面形状可分为平面波、柱面波及球面波。平面波是最简单、最基本的电磁波，具有电磁波的普遍性质和规律。同时，地质雷达发射的高频脉冲电磁波可以通过傅里叶变换进行分解，将电磁脉冲分解成一系列不同频率的谐波，而这些谐波的传播一般都可以近似为平面波的传播形式，可见地质雷达的理论基础是平面谐波在介质中的传播规律。

2.4.1　理想介质中的均匀平面波

波前面(即等相位面)是平面的波称为平面波。若波前面场量振幅出处相等的，称为均匀平面波。均匀平面波的场量除了是时间 t 的函数外，在空间坐标上可以仅是波前面

所在位置的唯一坐标变量的函数。

设均匀平面波沿 z 轴方向传播，其波前面为垂直于 z 轴的平面（即某 z 平面），则

$$E = E(z,t), \qquad H = H(z,t) \tag{2.18}$$

因 $\nabla^2 = \dfrac{\partial^2}{\partial z^2}$，则式(2.15a)、式(2.15b)齐次波动方程可简化为一维齐次波动方程

$$\frac{\partial^2 E(z,t)}{\partial z^2} = \frac{1}{v^2}\frac{\partial^2 E(z,t)}{\partial t^2} \tag{2.19a}$$

$$\frac{\partial^2 H(z,t)}{\partial z^2} = \frac{1}{v^2}\frac{\partial^2 H(z,t)}{\partial t^2} \tag{2.19b}$$

式中，$v = \dfrac{1}{\sqrt{\mu\varepsilon}}$，方程中每个场量有 3 个分量，共 6 个分量。但每个分量仅是 (z, t) 的函数，把条件式(2.18)再代入麦克斯韦第一、第二方程，可以看到 6 个分量并非是完全相互独立的。例如，在方程 $\nabla \times \boldsymbol{H} = \varepsilon\dfrac{\partial \boldsymbol{E}}{\partial t}$ 中，代入 $\dfrac{\partial}{\partial x} = \dfrac{\partial}{\partial y} = 0$，得

$$\nabla \times \boldsymbol{H} = \begin{vmatrix} a_x & a_y & a_z \\ \dfrac{\partial}{\partial x} & \dfrac{\partial}{\partial y} & \dfrac{\partial}{\partial z} \\ H_x & H_y & H_z \end{vmatrix} = -a_x\frac{\partial H_y}{\partial z} + a_y\frac{\partial H_x}{\partial z} = \varepsilon\frac{\partial \boldsymbol{E}}{\partial t}$$

$$= a_x\varepsilon\frac{\partial E_x}{\partial t} + a_y\varepsilon\frac{\partial E_y}{\partial t} + a_z\varepsilon\frac{\partial E_z}{\partial t}$$

式中，等号左边与右边各分量应相等，于是得

$$-\frac{\partial H_y}{\partial z} = \varepsilon\frac{\partial E_x}{\partial t} \tag{2.20a}$$

$$\frac{\partial H_x}{\partial z} = \varepsilon\frac{\partial E_y}{\partial t} \tag{2.20b}$$

$$\varepsilon\frac{\partial E_z}{\partial t} = 0 \tag{2.20c}$$

同样地，把 $\dfrac{\partial}{\partial x} = \dfrac{\partial}{\partial y} = 0$ 代入 $\nabla \times \boldsymbol{E} = -\mu\dfrac{\partial \boldsymbol{H}}{\partial t}$，可得到另外 3 个标量方程

$$-\frac{\partial E_y}{\partial z} = -\mu\frac{\partial H_x}{\partial t} \tag{2.21a}$$

$$\frac{\partial E_x}{\partial z} = -\mu\frac{\partial H_y}{\partial t} \tag{2.21b}$$

$$-\mu\frac{\partial H_z}{\partial t} = 0 \tag{2.21c}$$

根据式(2.20c)和式(2.21c)，若不计对时间 t 为恒定的分量，则 $E_z(z, t)=0$，H_z $(z, t)=0$，电场和磁场都没有 a_z 方向的分量，即没有平行传播方向上的分量。再由式(2.20a)、式(2.21b)，可得到一组有关分量 $E_x(z, t)$ 与 $H_y(z, t)$ 的联立方程组

$$\frac{\partial E_x(z,t)}{\partial z} = -\mu \frac{\partial H_y(z,t)}{\partial t} \tag{2.22a}$$

$$-\frac{\partial H_y(z,t)}{\partial z} = \varepsilon \frac{\partial E_x(z,t)}{\partial t} \tag{2.22b}$$

可见，$E_x(z,t)$ 只与 $H_y(z,t)$ 有关系，它们组成一组独立的分量波。

同样地，由式(2.21a)和式(2.20b)可给出另一组有关分量 $E_y(z,t)$ 与 $H_x(z,t)$ 之间关系的联立方程组，形式与式(2.22a)和式(2.22b)相似。

由上面的分析可知，沿 z 方向传播的均匀平面波，电场、磁场都没有平行传播方向（z 轴）的分量，即 $E_z=0$、$H_z=0$，只有垂直于传播方向（横向）的分量，如 E_x、E_y、H_x 和 H_y，故称之为横电磁波（记为 TEM 波）。在垂直传播方向的各分量中 $E_x(z,t)$ 和 $H_y(z,t)$，$E_y(z,t)$ 和 $H_x(z,t)$ 分别组成两组彼此独立的分量波，它们满足的波动方程形式相似，因此只要研究其中一组分量波，即可掌握均匀平面波的传播规律。

现设 $E=E_x(z,t)$ 和 $H=H_y(z,t)$，代入式(2.18)的波动方程，可得一维空间坐标变量的标量齐次波动方程

$$\frac{\partial^2 E_x(z,t)}{\partial z^2} = \frac{1}{v} \frac{\partial^2 E_z(z,t)}{\partial t^2} \tag{2.23a}$$

$$\frac{\partial^2 H(z,t)}{\partial z^2} = \frac{1}{v^2} \frac{\partial^2 H(z,t)}{\partial t^2} \tag{2.23b}$$

则电场分量解的形式是

$$E_x(z,t) = f_1\left(t-\frac{z}{v}\right) + f_2\left(t+\frac{z}{v}\right)$$
$$= E_x^+(z,t) + E_x^-(z,t) \tag{2.24}$$

式中，$E_x^+(z,t)$ 表示沿正 z 方向传播的波，也称为入射波；$E_x^-(z,t)$ 表示沿负 z 方向传播的波，也称为反射波。它们都以相同的速度 v 向相反的方向传播。v 由介质参数 μ、ε 决定。

磁场分量的解同样可以用入射波和反射波表示为

$$H_y(z,t) = H_y^+(z,t) + H_y^-(z,t) \tag{2.25}$$

把入射波的电磁场分量 $E_x^+(z,t)$、$H_y^+(z,t)$ 代入方程（2.22a），得

$$\frac{\partial H_y^+(z,t)}{\partial t} = -\frac{1}{\mu} \frac{\partial E_x^+(z,t)}{\partial z}$$
$$= -\frac{1}{\mu} f_1'\left(t-\frac{z}{v}\right)\left(-\frac{1}{v}\right)$$
$$= \frac{1}{\mu v} f_1'\left(t-\frac{z}{v}\right)$$

式中，$f_1'\left(t-\dfrac{z}{v}\right)$ 为 $f_1\left(t-\dfrac{z}{v}\right)$ 对 $\left(t-\dfrac{z}{v}\right)$ 的一阶导数。将上式对时间 t 积分，并略去与时间无关的恒定分量，得

$$H_y^+(z,t) = \int \frac{1}{uv} f_1'\left(t-\frac{z}{v}\right) \mathrm{d}t = \frac{1}{uv} f_1\left(t-\frac{z}{v}\right) = \frac{E_x^+(z,t)}{\mu v}$$

则入射波电场与磁场的比值为

$$\frac{E_x^+(z,t)}{H_y^+(z,t)} = \mu v = \frac{\mu}{\sqrt{\mu\varepsilon}} = \sqrt{\frac{\mu}{\varepsilon}} = \eta \tag{2.26}$$

式中，"+" 表示为 a_x 方向的分量 $E_x^+(z,\ t)$ 要和 a_y 方向的 $H_y^+(z,\ t)$ 才能组成一组向 z 方向传播的电磁波动。

如果组成均匀平面波的电磁场量随时间 t 作简谐变化，则方程（2.19a）和（2.19b）的复数形式为

$$\frac{\mathrm{d}^2\, \dot{E}_x(z)}{\mathrm{d}z^2} = -\omega^2\mu\varepsilon\, \dot{E}_x(z) = \gamma^2\, \dot{E}_x(z) \tag{2.27a}$$

$$\frac{\mathrm{d}^2\, \dot{H}_y(z)}{\mathrm{d}z^2} = \gamma^2\, \dot{H}_y(z) \tag{2.27b}$$

式中，$\gamma^2 = -\omega^2\mu\varepsilon$，或 $\gamma = \mathrm{j}\omega\sqrt{\mu\varepsilon} = \mathrm{j}\beta$，$\beta = \omega\sqrt{\mu\varepsilon}$。$\gamma$ 为传播常数，在理想介质中，γ 是纯虚数，β 称为相位常数，单位是 rad/m。方程（2.27a）和（2.27b）是一维常微分方程，其解为

$$\dot{E}_x(z) = \dot{E}_{x0}^+ \mathrm{e}^{-\gamma z} + \dot{E}_{x0}^- \mathrm{e}^{+\gamma z}$$
$$\dot{H}_y(z) = \dot{H}_{y0}^+ \mathrm{e}^{-\gamma z} + \dot{H}_{y0}^- \mathrm{e}^{+\gamma z} \tag{2.28}$$

同样，入射波电场与磁场的比值仍然是一个常数，即

$$\frac{\dot{E}_x^+(z)}{\dot{H}_x^+(z)} = \frac{\dot{E}_{x0}^+ \mathrm{e}^{-\gamma z}}{\dot{H}_{y0}^+ \mathrm{e}^{-\gamma z}} = \eta\ , \qquad \frac{\dot{E}_x^-(z)}{\dot{H}_x^-(z)} = \frac{\dot{E}_{x0}^- \mathrm{e}^{\gamma z}}{\dot{H}_{y0}^- \mathrm{e}^{\gamma z}} = -\eta \tag{2.29}$$

欲求电磁场量的瞬时值，可将复振幅乘上时间因子 $\mathrm{e}^{\mathrm{i}wt}$，并取齐实部（或虚部）。以入射波 $E_x^+(z,\ t)$ 和 $H_y^+(z,\ t)$ 为例，令 $z=0$ 处、$t=0$ 时刻的电场复数有效值 $\dot{E}_{x0}^+ = E_{x0}^+\angle\varphi_e$，（$E_{x0}^+$ 为常数，φ_e 为初相位）则有

$$E_x^+(z,t) = a_x \mathrm{Re}\left(\sqrt{2}E_{x0}^+ \mathrm{e}^{\mathrm{i}\varphi_e} \mathrm{e}^{-\mathrm{j}\beta z} \mathrm{e}^{\mathrm{j}\omega t}\right) = a_x\, \sqrt{2}E_{x0}^+ \cos(\omega t - \beta z + \varphi_e) \tag{2.30a}$$

$$H_y^+(z,t) = a_y\, \frac{\sqrt{2}E_{x0}^+}{\eta}\cos(\omega t - \beta z + \varphi_e) \tag{2.30b}$$

在某 t 时刻，$E_x^+(z,\ t)$、$H_y^+(z,\ t)$ 沿 z 轴的分布如图 2.2 所示，电场和磁场的振幅为常数，即沿 z 轴没有衰减，电磁场矢量的方向互相垂直，并且电场、磁场和波传播方向符合右手定则。

电场和磁场的相位相等，都是 $\varphi_p = \omega t - \beta z + \varphi_e$。在等相位面上，有 $\frac{\mathrm{d}\varphi_p}{\mathrm{d}t} = 0$，即 $\omega - \beta\frac{\mathrm{d}z}{\mathrm{d}t} = 0$，故

$$v_p = \frac{\mathrm{d}z}{\mathrm{d}t} = \frac{\omega}{\beta} = \frac{\omega}{\omega\sqrt{\mu\varepsilon}} = \frac{1}{\sqrt{\mu\varepsilon}} \tag{2.31}$$

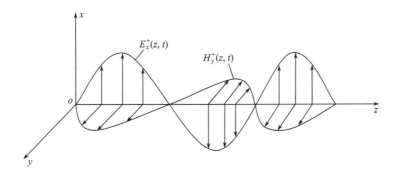

图 2.2　理想介质中的均匀平面波

式中，v_p 为相速度，表示等相位面在正 z 轴方向上移动的速度，在理想介质中，v_p 不是频率 ω 的函数。电磁波在一周期 T 内传播过的距离称为波长 λ，则周期 T、频率 f、角频率 ω、相速度 v_p 与相位常数 β 之间的关系为

$$T = \frac{1}{f} = \frac{2\pi}{\omega}, \quad \lambda = v_p T = \frac{2\pi}{\beta}$$

2.4.2　导电介质中的平面波

地质雷达应用对象主要是有耗的介质，在导电介质中电导率 $\sigma \neq 0$，不仅损耗电磁波的能量，也影响电磁波的传播速度。由欧姆定律 $\boldsymbol{J} = \sigma \boldsymbol{E} \neq 0$，故麦克斯韦方程组的复数形式为

$$\nabla \times \dot{\boldsymbol{H}} = \sigma \dot{\boldsymbol{E}} + j\omega\varepsilon E = j\omega\varepsilon\left(1 - j\frac{\sigma}{\omega\varepsilon}\right)\dot{\boldsymbol{E}} \tag{2.32a}$$

$$\nabla \times \dot{\boldsymbol{E}} = -j\omega\mu\,\dot{\boldsymbol{H}} \tag{2.32b}$$

$$\nabla \cdot \dot{\boldsymbol{H}} = 0 \tag{2.32c}$$

$$\nabla \cdot \dot{\boldsymbol{E}} = 0 \tag{2.32d}$$

与理想介质中的麦克斯韦方程组形式相比较，令

$$\varepsilon_c = \varepsilon\left(1 - j\frac{\sigma}{\omega\varepsilon}\right)$$

式中，ε_c 称为复数介电常数，则方程(2.32a)为

$$\nabla \times \dot{\boldsymbol{H}} = j\omega\varepsilon_c\,\dot{\boldsymbol{E}}$$

与理想介质中的方程形式完全一样。因此，只要将实数介电常数 ε 换成复数介电常数 ε_c，理想介质中均匀平面波的有关方程及公式，便可应用于导电介质的情况。

设电磁波沿 z 轴方向传播，并只考虑独立分量波 E_x 和 H_y，则在导电介质中，波动方程 (2.28) 简化为

$$\frac{\mathrm{d}^2\,\dot{E}_x(z)}{\mathrm{d}z^2} = -\omega^2\mu\varepsilon_c\,\dot{E}_x(z) = \gamma^2\,\dot{E}_x(z) \tag{2.33a}$$

$$\frac{\mathrm{d}^2 \dot{H}_y(z)}{\mathrm{d}z^2} = \gamma^2 \dot{E}_y(z) \tag{2.33b}$$

传播常数 $\gamma^2 = -\omega^2 \mu\varepsilon$ 是复数，令

$$\gamma = \alpha + \mathrm{j}\beta \tag{2.34}$$

则

$$\alpha = \omega \sqrt{\frac{\mu\varepsilon}{2}\left[\sqrt{1+\left(\frac{\sigma}{\omega\varepsilon}\right)^2} - 1\right]} \tag{2.35}$$

$$\beta = \omega \sqrt{\frac{\mu\varepsilon}{2}\left[\sqrt{1+\left(\frac{\sigma}{\omega\varepsilon}\right)^2} + 1\right]} \tag{2.36}$$

式中，实部 α 为衰减常数，单位为 Nb/m；虚部 β 为相位常数，单位为 rad/m。

由此可见，在导电介质中传播的平面电磁波，在传播方向上波的振幅按指数规律衰减，α 表示每单位距离衰减程度的常数，称衰减常数。β 表示每单位距离落后的相位，称为相位常数。知道了常数 α，就可由

$$v = \frac{\omega}{\alpha} \tag{2.37}$$

估算地层参数。把式(2.35)代入式(2.37)，就可以得到电磁波的相速度

$$v_{\mathrm{p}} = \frac{1}{\sqrt{\mu\varepsilon}} \frac{1}{\sqrt{\dfrac{1}{2}\left[\sqrt{1+\left(\dfrac{\sigma}{\omega\varepsilon}\right)^2}\right] + 1}} \tag{2.38}$$

可见，$v_{\mathrm{p}} < \dfrac{1}{\sqrt{\mu\varepsilon}} = v_{\mathrm{p无损}}$，即在相同 μ 和 ε 时，若介质有损耗（$\sigma \neq 0$），将使电磁波传播速度变慢。

方程（2.23）的解为

$$\dot{E}_x(z) = E_{x0}^+ \mathrm{e}^{-\gamma z} + E_{x0}^+ \mathrm{e}^{+\gamma z} = E_{x0}^+ \mathrm{e}^{-\alpha z} \mathrm{e}^{-\mathrm{j}\beta z} + E_{x0}^- \mathrm{e}^{\alpha z} \mathrm{e}^{\mathrm{j}\beta z} \tag{2.39a}$$

$$\dot{H}_y(z) = H_{y0}^+ \mathrm{e}^{-\gamma z} + H_{y0}^- \mathrm{e}^{+\gamma z} = \frac{1}{\eta_{\mathrm{c}}}(E_{x0}^+ \mathrm{e}^{-\alpha z} \mathrm{e}^{-\mathrm{j}\beta z} - E_{x0}^- \mathrm{e}^{\alpha z} \mathrm{e}^{\mathrm{j}\beta z}) \tag{2.39b}$$

在导电介质中，本征波阻抗 η_{c} 已不再是实数，而是复数，这是由于电场强度与磁场强度的相位不同导致，即

$$\eta_{\mathrm{c}} = \sqrt{\frac{\mu}{\varepsilon_{\mathrm{c}}}} = \sqrt{\frac{\mu}{\varepsilon\left(1-\mathrm{j}\dfrac{\sigma}{\omega\varepsilon}\right)}} = \frac{\eta}{\sqrt{1-\mathrm{j}\dfrac{\sigma}{\omega\varepsilon}}} = |\eta_{\mathrm{c}}| \angle \phi \tag{2.40}$$

式中，$\eta = \sqrt{\mu/\varepsilon}$。

电磁波的相速度是

$$v_{\mathrm{p}} = \frac{\omega}{\beta} = \frac{1}{\sqrt{\mu\varepsilon}} \frac{1}{\sqrt{\dfrac{1}{2}\left[\sqrt{1+\left(\dfrac{\sigma}{\omega\varepsilon}\right)^2} + 1\right]}} \tag{2.41}$$

电磁波的波长为

$$\lambda = \frac{2\pi}{\beta} = \frac{2\pi}{\omega\sqrt{\mu\varepsilon}} \frac{1}{\sqrt{\frac{1}{2}\left[\sqrt{1+\left(\frac{\sigma}{\omega\varepsilon}\right)^2}+1\right]}} \tag{2.42}$$

可见，在相同 ε 和 μ 时，若介质有损耗（$\sigma \neq 0$），将使电磁波传播速度变慢，波长变短。

在损耗介质中波的相速度 v_p 不再是常数，而是频率 ω 的函数，即 $v_p = v_p(\omega, \sigma, \varepsilon, \mu)$。当携带信号的电磁波在导电介质中传播时，各个频率分量的电磁波以不同相速传播，经过一段距离后，它们相互之间的相位发生改变，从而导致信号失真，这种现象称为色散，所以，导电介质是色散介质。

和理想介质一样，导电介质中的电磁波仍是 TEM 波（即 $E_z = 0$、$H_z = 0$），波在传播过程中除了按相位 β 滞后外，幅度还按 $e^{-\alpha z}$ 因子关系衰减。入射波及反射波都以相同的相速度 $v_p = \frac{\omega}{\beta}$ 向相反的方向传播，每一个行波的电场方向、磁场方向和传播方向仍与在理想介质中一样应满足右手定则，电场分量与磁场分量的复数幅值之比等于 $\pm \eta_c$，但 η_c 不再是实数，因此，电场、磁场分量不再同相位，其瞬时值之比也不等于波阻抗。

2.4.3 两种特殊情况

在描述导电介质中均匀平面波特性的公式中，比值 $\sigma/(\omega\varepsilon)$ 称为损耗角正切，实际上反映了介质中的传导电流与位移电流的比值。当 $\sigma = 0$ 时，仅有位移电流是理想介质；当 $\sigma \ll \omega\varepsilon$，传导电流比位移电流小得多，是低损耗介质；当 $\sigma \gg \omega\varepsilon$ 时，传导电流比位移电流大得多，是良导电介质。而比值 $\sigma/(\omega\varepsilon)$ 除了与 σ、ε 有关，还与频率 ω 有关，因此，同一种介质，对不同频率的电磁波，将呈现出不同的导电性或介电性。下面从损耗角正切出发说明两种极限情况。

1. $\sigma \ll \omega\varepsilon$（低损耗介质）

具有低电导率的介质或非理想介质属于这种情况。一般在 $\sigma/(\omega\varepsilon) \ll 10^{-2}$ 时，可近似认为 $\sqrt{1+\left(\frac{\sigma}{\omega\varepsilon}\right)^2} \approx 1 + \frac{1}{2}\left(\frac{\sigma}{\omega\varepsilon}\right)^2$，则

$$\alpha \approx \frac{1}{2}\sigma\sqrt{\frac{\mu}{\varepsilon}} \tag{2.43a}$$

$$\beta \approx \omega\sqrt{\mu\varepsilon} \tag{2.43b}$$

$$\eta_c = \sqrt{\frac{\mu}{\varepsilon}} \tag{2.43c}$$

可见，在低损耗介质中，均匀平面波的电场强度与磁场强度相位近似相同，其相位常数及波阻抗与无损耗时近似相同。但振幅按 $e^{-\alpha z}$ 指数衰减。

2. $\sigma \gg \omega\varepsilon$（良导体介质）

一般 $\sigma/(\omega\varepsilon) \gg 10^{-2}$ 时，可近似认为 $\sqrt{1+\left(\dfrac{\sigma}{\omega\varepsilon}\right)^2} \approx \dfrac{\sigma}{\omega\varepsilon}$，则

$$\alpha = \beta = \sqrt{\frac{\omega\mu\sigma}{2}} = \sqrt{\pi f\mu\sigma} \qquad (2.44)$$

$$\eta_c = (1+j)\sqrt{\pi f\mu/\sigma} = \sqrt{\omega\mu/\sigma}\angle 45° = R_s + jX_s \qquad (2.45)$$

式中，R_s 为表面电阻；X_s 为表面阻抗。式(2.45)表明，电场强度与磁场强度不再同相，相位相差 45°，振幅均按 $e^{-\alpha z}$ 指数衰减，且介质的电导率 σ、磁导率 μ 越大，电磁波的频率 f 越高，则衰减越快。

良导体的电导率通常都在 10^7 数量级，随着频率的升高，α 将很大，发生急剧衰减，以至于电磁波无法进入良导体深处，仅可存在其表面附近，这种现象称为集肤效应。为了衡量平面波在良导体中的衰减程度，通常把场强振幅减到表面处振幅 $1/e$ 的深度称为集肤深度，以 δ 表示，则由 $e^{-\alpha\delta} = e^{-1}$，得

$$\delta = \frac{1}{\alpha} \approx \sqrt{\frac{2}{\omega\mu\sigma}} \qquad (2.46)$$

δ 的单位是 m（米），式(2.46)表明，集肤深度与频率 f 及电导率 σ 成反比。

当雷达波遇到这类介质，高频天线将失去穿透能力。严重时，如含水黏土中，低频天线也没有多大的穿透深度，这使地质雷达丧失勘探能力。而且这时雷达波的传播速度表现出波散现象，速度随频率增加而增加，雷达脉冲波形状发生改变。

2.5　结构介质中电磁波的反射与折射

2.5.1　平面波的反射和折射

地质雷达利用高频电磁脉冲波的反射原理来实现探测目的，当电磁波在传播过程中遇到不同介质的分界面时会发生反射与折射。图 2.3 所示的是入射波的两条射线在界面所引起的反射与折射，θ_i、θ_r 与 θ_t 分别表示入射角、反射角与折射角，入射波和反射波的波速为 v_1，折射波的波速为 v_2，入射波、反射波与折射波的方向遵循反射定律和折射定律。

反射定律

$$\theta_i = \theta_r \qquad (2.47)$$

折射定律

$$\frac{\sin\theta_i}{\sin\theta_t} = \frac{v_1}{v_2} = n \qquad (2.48)$$

式(2.48)的比值以 n 表示，称为折射率

$$n = \frac{\sin\theta_i}{\sin\theta_t} = \frac{v_1}{v_2} = \sqrt{\frac{\varepsilon_2}{\varepsilon_1}} \qquad (2.49)$$

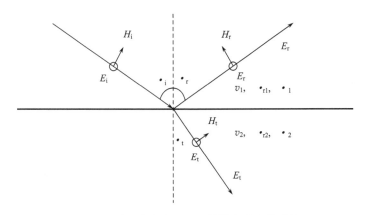

图 2.3 雷达波在分界面上的横电波和横磁波

这两个定律表明，入射角 θ_i 等于反射角 θ_r，与介质的性质无关，折射率与两边介质性质有关。

由于电磁波是横波，电场强度可以垂直入射平面，磁场平行入射平面，称为 TE 极化的反射和折射。相反，磁场垂直入射平面，电场平行入射平面，此时称为 TM 极化的反射和折射。地质雷达使用的是偶极源，在离源很远的区域，波的等相面在一定范围内可看成平面，此时其波场转化为平面波。一般情况下，地质雷达探测中使用 TE 极化方向，偶极矩平行界面，电场平行与偶极子发射天线的方向，即入射电场 E_i 与入射面垂直，因此下面仅讨论垂直极化波在界面的反射与折射情况。

从图 2.3 中可以看出入射波、反射波与折射波在界面处电场与磁场变化关系，其中 E_i、E_r 与 E_t 分别表示入射波、反射波和折射波的电场强度幅值，它们的磁场强度则相应为 $H_i = \dfrac{E_i}{\eta_1}$，$H_r = \dfrac{E_r}{\eta_1}$，$H_t = \dfrac{E_t}{\eta_2}$。$\eta_1$、$\eta_2$ 分别为上层和下层介质的波阻抗。根据电磁理论，电磁波到达界面时，将发生能量再分配，根据能量守恒定理，界面两边的能量总和保持不变。因此入射部分的能量与透过界面的能量之差，即为反射波的能量。电磁波在跨越介质交界面时，紧靠界面两侧的电场强度和磁场强度的切向分量分别相等，则得

$$E_i + E_r = E_t$$
$$H_i\cos\theta_i - H_r\cos\theta_i = H_t\cos\theta_t \tag{2.50}$$

设 $R_{12} = \dfrac{E_r}{E_i}$，$T_{12} = \dfrac{E_t}{E_i}$ 分别表示 TE 波从第 1 层介质入射到第 2 层介质分界面时的反射系数和透射系数，则由式(2.39a)和(2.39b)可得

$$R_{12} = \cfrac{\cos\theta_i - \sqrt{\dfrac{\varepsilon_{r2}}{\varepsilon_{r1}} - \sin^2\theta_i}}{\cos\theta_i + \sqrt{\dfrac{\varepsilon_{r2}}{\varepsilon_{r1}} - \sin^2\theta_i}}$$

$$T_{12} = \frac{2\cos\theta_i}{\cos\theta_i + \sqrt{\dfrac{\varepsilon_{r2}}{\varepsilon_{r1}} - \sin^2\theta_i}} \tag{2.51}$$

对于探地雷达，大多数情况下，发射天线与接收天线靠得很近，几乎是垂直入射和反射，此时入射角 $\theta_i \approx 0$，代入式(2.51)可得

$$R_{12\perp} = \frac{1 - \sqrt{\dfrac{\varepsilon_{r2}}{\varepsilon_{r1}}}}{1 + \sqrt{\dfrac{\varepsilon_{r2}}{\varepsilon_{r1}}}} = \frac{\sqrt{\varepsilon_{r1}} - \sqrt{\varepsilon_{r2}}}{\sqrt{\varepsilon_{r1}} + \sqrt{\varepsilon_{r2}}} \tag{2.52}$$

由式(2.52)可知，在位移电流远远大于传导电流的情况下，反射波能量与透射波能量的分配除了与入射角有关外，仅与分界面两侧相应介电常数的大小有关。当两个介质的介电常数相同时，反射系数为 0，不发生反射，仅有透射。

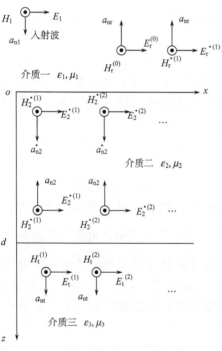

图 2.4　三层介质的垂直入射

2.5.2　均匀平面波对多层分界面的垂直入射

考虑 3 层介质的情况，介质二厚度为 d，介质一和介质三分别为 $z<0$ 和 $z>d$ 的半无限大介质，设介质一中有一沿着 $+z$ 方向的均匀平面波入射到 $z=0$ 的分界面，则在该界面产生反射波 $E_r^{(0)}$，并有一部分进入介质二，为 $E_2^{+(1)}$。$E_2^{+(1)}$ 传播至 $z=d$ 的分界面时也会产生反射场 $E_2^{-(1)}$ 和透射场 $E_t^{(1)}$。$E_2^{-(1)}$ 沿 $-z$ 方向传播回到 $z=0$ 分界面时，反射场为 $E_2^{+(2)}$，进入介质一透射场为 $E_1^{-(1)}$。$E_2^{+(2)}$ 又重复 $E_2^{+(1)}$ 的过程。所以进入介质二的波将在 $z=0$ 和 $z=d$ 的两个分界面之间来回振荡，并每次都有部分波透射至介质一和介质三中，如图 2.4 所示。介质一中沿 $-z$ 方向传播的波就包括第一次入射波的反射波和以后从介质二来的各次透射波，其合成场就可以看成入射波在多层介质分界面上的反射场 E_r，即

$$\begin{aligned} E_r &= E_{r0} a_x \mathrm{e}^{\mathrm{j}\beta_1 z} \\ &= E_r^{(0)} + E_1^{-(1)} + E_2^{-(2)} + \cdots \end{aligned} \tag{2.53}$$

相应的磁场强度为 H_r

$$\begin{aligned} H_r &= H_{(r0)}(-a_y)\mathrm{e}^{\mathrm{j}\beta_1 z} \\ &= \frac{E_{r0}}{\eta}(-a_y)\mathrm{e}^{\mathrm{j}\beta_1 z} \\ &= H_r^{(0)} + H_1^{-(1)} + H_1^{-(2)} + \cdots \end{aligned} \tag{2.54}$$

同理，在介质二中可以将波按沿 $+z$ 方向传播和沿 $-z$ 方向传播分别合成为 E_2^+ 和 E_2^-

$$E_2^+ = E_2^{+(1)} + E_2^{+(2)} + E_2^{+(3)} + \cdots$$

$$= E_{20}^+ a_x e^{-j\beta_2 z} \tag{2.55}$$

$$E_2^- = E_2^{-(1)} + E_2^{-(2)} + E_2^{-(3)} + \cdots$$

$$= E_{20}^- a_x e^{j\beta_2 z} \tag{2.56}$$

相应的磁场强度为 H_2^+ 和 H_2^-

$$H_2^+ = \frac{E_{20}^+}{Z_2} a_y e^{-j\beta_2 z} \tag{2.57}$$

$$H_2^- = -\frac{E_{20}^-}{Z_2} a_y e^{j\beta_2 z} \tag{2.58}$$

介质三中的合成场为

$$E_t = E_t^{(1)} + E_t^{(2)} + E_t^{(3)} + \cdots$$

$$= E_{t0} e^{-j\beta_z (z-d)} a_x \tag{2.59a}$$

$$H_t = \frac{E_{t0}}{Z_3} e^{-j\beta_3 (z-d)} a_y \tag{2.59b}$$

有边界条件可得，在 $z = 0$ 处时

$$E_i(0) + E_r(0) = E_2^+(0) + E_2^-(0) \tag{2.60a}$$

$$H_i(0) + H_r(0) = H_2^+(0) + H_2^-(0) \tag{2.60b}$$

在 $z = d$ 处

$$E_2^+(d) + E_2^-(d) = E_r(d) \tag{2.60c}$$

$$H_2^+(d) + H_2^-(d) = H_t(d) \tag{2.60d}$$

式 (2.60a) 和 (2.60b) 中包含了 E_{r0}、E_{20}^+、E_{20}^- 和 E_{t0} 等 4 个未知量，由此 4 个代数方程，完全可以解出以 E_{i0} 表示的解，即可得到各区域场量与入射场的关系。

一般地，如果有 $n+1$ 层介质，则有 n 个分界面，由边界条件则建立 $2n$ 个代数方程，其中包含了 $n-1$ 层介质中沿 $+z$ 方向传播和沿 $-z$ 方向传播的合成场及第一层中的总反射场和第 $n+1$ 层中的总透射场，共 $2n$ 个未知量，方程有解。

2.6　导体中的电磁波及表面的反射特征

对于铜、铁等良导电体，其电导率 σ 很大，由式 (2.35) 可知到衰减常数 α 也很大。因此，电磁波在良导电中传播时，场矢量的衰减很快，电磁波只能透入良导体表面的薄层内（电磁波只能在导体以外的空间或电介质中传播），这种现象称为集肤效应。当 $z = 1/\alpha$ 时，场矢量的振幅为 E_0/e，即在导体内的 $1/\alpha$ 处，场矢量的振幅已衰减到表面处的 $1/e$，这时，电磁波透入导体内的深度称为穿透深度或集肤深度，记为 δ，$\delta = 1/\alpha$，代入式 (2.35) 中的，经过简化可得

$$\delta = \frac{\lambda}{2\pi} \tag{2.61}$$

这表明电磁波进入良导体的深度是其波长的 $1/2\pi$ 倍，高频电磁波透入良导体的深度很小。例如，当频率为 $100\mathrm{MHz}$ 时，$\delta=0.67\times10^{-3}\mathrm{cm}$。可见，高频电磁波的电磁场，集中在良导体表面的薄层内，相应的高频电流也集中在该薄层内流动。

任意角度入射条件下导体表面的反射比较复杂，这里仅讨论垂直入射的情况。理想介质内将存在入射波和反射波。理想导体内不存在透射波。如 E^{r} 为导体反射波，E^{i} 为入射波，$K_{\mathrm{C}1}$ 为入射介质的波数，由理想导体边界条件可知：$E^{r}=-E^{i}\mathrm{e}^{\mathrm{j}K_{\mathrm{C}1}z}$，此时电场与磁场在界面上的连续条件依然成立。因为导体表面有感生电流，反射系数为复数，用反射的能流密度与入射的能流密度之比表示反射系数 R

$$R=-\left|\frac{E^{r}}{E^{i}}\right|=-1 \tag{2.62}$$

能量全部被反射，在混凝土中的钢筋之所以有很强的反射就是因为高导性质。

2.7　介质的电磁性质及高频雷达波在分层有耗介质中的传播机制

由前述内容可知，介质的相对介电常数 ε_{r} 对雷达波的波长、波速和反射系数有非常大的影响。而在高频电磁波中，由极化惯性所引起的附加导电性，也是一个值得深入研究的问题。

多种因素的影响使得同类介质的电阻率 ρ 在很宽的范围内变化。同样介质的相对介电常数 ε_{r} 也在相当宽的范围内变化，绝大多数介质的介电常数较低。由于一般介质与水的相对介电常数差异较大，所以具有较大孔隙度介质的介电常数主要取决于它的含水量。

基于上述分析，总结高频雷达波在分层有耗介质中的传播机制如下：

（1）电磁波的波长、波速和在分界面上的反射系数主要与介电常数有关，而与电导率关系不大。

（2）高频雷达波在层间传播时，与在空气中相比，波长缩短、波速降低、振幅衰减。电导率对雷达波的振幅衰减影响较大，限制了雷达波的探测距离。

（3）在两层介质的分界面上，当介质的介电常数存在差异时，才会发生反射。反射系数的大小还与入射角有关。由此可见，基于反射脉冲的识别和脉冲波双程旅行时间计算的地质雷达探测，不仅要考虑地下介质的介电常数，还要考虑地下介质的电导率。特别要注意，当两层不同介质的介电常数相同时，不可能接收到此界面的反射信号。

（4）虽然较高频率的天线有较高的分辨率，但也会受各种损耗机制造成的较大衰减的影响，因而被限制应用在较浅的穿透深度上。

参 考 文 献

付国强. 2006. 铁路路基地层雷达波传播规律研究. 北京：中国矿业大学（北京）博士论文

马冰然. 2003. 电磁场与微波技术. 广州：华南理工大学出版社

宋水森，张晓娟，徐诚. 2003. 现代电磁场理论的工程应用基础——电磁波基本方程组. 北京：科学出版社

粟毅，黄春琳，雷文太．2006．探地雷达理论与应用．北京：科学出版社

王蕾，李国定，龚克．2001．电磁场理论基础．北京：清华大学出版社

杨峰．2004．地质雷达系统及其关键技术的研究．北京：中国矿业大学（北京）博士论文

曾昭发，刘四新，王者江．2006．探地雷达方法原理及应用．北京：科学出版社

翟波．2007．道路病害探地雷达解释方法研究．北京：中国矿业大学（北京）博士论文

第 3 章　地质雷达采集系统

本章主要介绍地质雷达硬件系统，即采集系统的设计与实现。重点介绍地质雷达的控制单元、接收机、发射机的基本原理。本章介绍的地质雷达采集系统以中国矿业大学（北京）自主研制的 GR 型地质雷达为例。目前地质雷达的采集系统，其工作原理基本相同。

3.1　地质雷达硬件系统结构

雷达采集系统的设计总体分为以下两种：分离式设计和组合式设计。

分离式设计主要有以下两种形式：①将天线发射控制器（发射机）和接收控制器（接收机）独立出来，采用不同的天线与其配合使用；这种结构成本低，但是由于接线较多，野外使用不方便。这种分离式设计常常在振子非屏蔽天线上使用。②将控制采集的主机与控制单元分离，控制主机通过计算机的并口或串口与控制单元连接；这种分离式设计的优点是可以随时更换主机，但是缺点也是接线太多，同样不利于野外复杂地区使用。

本文主要以中国矿业大学（北京）研制的 GR-2 型地质雷达采集系统为蓝本进行介绍。无论组合式设计还是分离式设计，其控制信号流程是完全一致的。

地质雷达的总体结构如图 3.1 所示。它由发射天线系统、接收天线系统、控制单元系统、微机系统四部分组成。

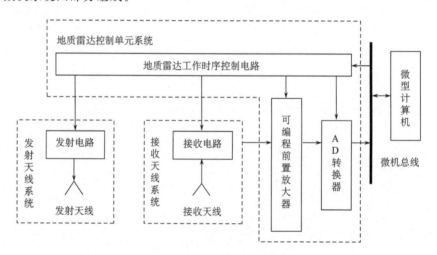

图 3.1　地质雷达系统结构图

1. 各系统的主要功能

（1）发射天线系统：在控制单元系统的触发下，利用雪崩开关方式进行快速加压，产生高压窄脉冲电信号，并以此信号作为雷达发射控制脉冲，通过发射天线向地下发射电磁波。

（2）接收天线系统：用接收天线接收高频雷达反射波信号，通过高频放大器进行放大，然后在控制单元系统的触发下，将放大后的信号通过采样头进行采样保持，从而将高频信号变成低频信号由控制单元系统进行精确采样。

（3）微机系统：对地质雷达各子系统的工作流程进行管理、存储、显示。接收由控制单元系统采集得到的雷达数字信号，并对这些信号进行多种方法的信号处理。

（4）控制单元系统：在微型计算机系统的控制下，为发射天线系统和接收天线系统提供经过精确定时的启动触发脉冲，同时对来自接收天线系统采样保持后的雷达反射波信号进行程控增益放大和 A/D 转换，并将得到的数字化雷达反射波信号通过微型计算机系统总线存放到内存中，供微型计算机显示、存储、分析和处理。

2. 各系统之间的信号关系

地质雷达控制信号之间的逻辑关系是设计地质雷达系统结构的关键，为此设计的各个系统之间传递信号关系如下：

（1）"微型计算机系统"与"控制单元系统"之间通信通过总线（分离式通过并口、串口、USB 接口、PCI 总线或 ISA 总线）进行信息的传递。传递的信号有① 固定延迟参数，固定延迟控制发射脉冲的延迟时间；②步进延迟参数，步进延迟控制接收脉冲的精确步进延迟；③采样启动信号；④传送采样数据。

（2）"控制单元系统"与"发射天线系统"之间通过 50Ω 同轴电缆相连。前者向后者发送负脉冲的触发信号。

（3）"控制单元系统"与"接收天线系统"之间通过 2 根 50Ω 同轴电缆相连。前者通过一根电缆向后者发送负脉冲的触发信号，同时通过另一根电缆把接收机采样保持数据传输到数据采集卡上，进行模数转换。

3.2　地质雷达数据采集基本原理

3.2.1　实时采样

1. 信号定义与分类

一个信号 $x(t)$，它可以代表一个实际的物理信号，也可以是一个数学函数，在数字信号处理中，信号与函数往往是通用的。

信号通常可以分为如下几类：

（1）模拟信号。若 t 是定义在时间轴上的连续变量，那么我们称 $x(t)$ 为连续时间信号，又称为模拟信号。

（2）离散时间信号。若 t 仅在时间轴上的离散点取值，那么我们称 $x(t)$ 为离散时间信号。这时我们将 $x(t)$ 改记为 $x(nT_s)$，T_s 表示相邻两个点之间的时间间隔，又称为采样周期。当 T_s 归一化为 1 时，$x(nT_s)$ 简记为 $x(n)$。

（3）数字信号。在时间和幅度上都取离散值的信号称为数字信号。$x(n)$ 在时间上是离散的，其幅度可以在某一范围内连续取值。但目前的信号处理多是通过计算机来实现的，它们都是以有限的位数来表示其幅度，因此，其幅度也必须量化为离散值。

信号的分类方法很多，可以从不同的角度来进行，例如：

（1）连续时间信号和离散时间信号。它们的区别是时间变量的取值方式。

（2）周期信号和非周期信号。对信号 $x(n)$，若有 $x(n)=x(n\pm kN)$，k 和 N 均为正整数，则称 $x(n)$ 为周期信号，并记为 $\tilde{x}(n)$；否则 $x(n)$ 为非周期信号。当然一个非周期信号也可视为周期无穷大的周期信号。

（3）确定性信号和随机信号。信号 $x(n)$ 在任意时刻 n 的值若能被精确地确定或被预测，称 $x(n)$ 为确定性信号；而随机信号 $x(n)$ 在时刻 n 的取值是随机的不能给以精确预测。随机信号又可分为平稳随机信号与非平稳随机信号。平稳随机信号又可分为各态遍历信号与非各态遍历信号。

（4）能量信号和功率信号。对信号 $x(t)$ 和 $x(n)$，其能量分别定义如下：

$$E = \int_{-\infty}^{\infty} |x(t)|^2 \mathrm{d}t, \quad E = \sum_{n=-\infty}^{\infty} |x(n)|^2 \tag{3.1}$$

若 $E<\infty$，我们称 $x(t)$ 和 $x(n)$ 为能量有限信号，简称能量信号，否则称为能量无限信号。

若信号 $x(t)$ 和 $x(n)$ 为能量无限信号，我们往往要研究它们的功率信号。信号 $x(t)$ 和 $x(n)$ 的功率分别定义为

$$P = \lim_{T\to\infty} \frac{1}{T} \int_{-\frac{T}{2}}^{\frac{T}{2}} |x(t)|^2 \mathrm{d}t, \quad P = \lim_{N\to\infty} \frac{1}{2N+1} \sum_{n=-N}^{N} |x(n)|^2 \tag{3.2}$$

若 $P<\infty$，则称 $x(t)$ 和 $x(n)$ 为功率有限信号，简称功率信号。

周期信号、准周期信号及随机信号，由于其时间是无限的，所以它们总是功率信号。一般而言，在有限区间内存在的确定性信号是能量信号。

2. 连续信号的离散化

将连续信号变成数字信号是获取原始数据的重要手段之一，也是在计算机上实现数字信号处理的必要步骤。在实际的工作中，信号的采样（又称为抽样）是通过 A/D 转换电路来实现的，通过控制 A/D 转换器在不同的时刻进行采样和量化，可以将连续信号 $x(t)$ 变成数字信号 $x(nT_s)$。

通常一个连续信号的数字化过程，可以由图 3.2 来描述。

一个连续信号 $x(t)$ 经过由 A/D 转换器完成的采样、保持、量化处理过程，就可以得到数字信号 $x(n)$。A/D 转换的作用是将 $x(t)$ 变成离散信号；保持电路的作用是维持 $x(t)$ 信号的电平不变，以便能够有足够的时间将采样信号量化为数字信号 $x(n)$。可以看出上述过程的关键步骤是采样。

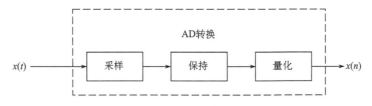

图 3.2　连续信号的数字化过程

理想的冲激抽样序列函数定义如下：

$$p(t) = \sum_{n=-\infty}^{\infty} \delta(t - nT_s) \tag{3.3}$$

式中，冲激函数 $\delta(t)$ 有这样的性质，$\int_{-\infty}^{\infty} \delta(t)\mathrm{d}t = 1$，且 $t \neq 0$ 时 $\delta(t) = 0$；T_s 为抽样间隔。

对于连续信号 $x(t)$，经过冲激抽样序列函数抽样以后，可以得到离散信号 $x(n)$，即

$$x(nT_s) = x(t) \sum_{n=-\infty}^{\infty} \delta(t - nT_s) \tag{3.4}$$

理想冲激抽样过程如图 3.3 所示。信号采样理论是连接离散信号和连续信号的桥梁，也是进行离散信号处理与离散系统设计的基础。

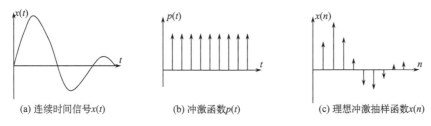

(a) 连续时间信号 $x(t)$　　　　(b) 冲激函数 $p(t)$　　　　(c) 理想冲激抽样函数 $x(n)$

图 3.3　理想冲激抽样过程

3. 实时采样实现

什么是实时离散化？当数字化一开始，信号波形的第一个采样点就被采集，然后经过一个采样间隔，再采入第二个样点，…，依此类推，直到完成一个完整的采样过程。实时采样的主要优点在于信号波形一到就采入，因此适用于任何形式的信号波形，包括周期信号、准周期信号和随机信号。图 3.4 是实时采样实现过程示意图。

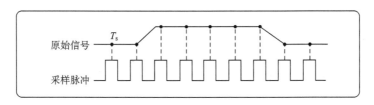

图 3.4　以 T_s 为时间间隔对原始输入信号进行实时采样实现过程示意图

图 3.4 可以看出，实时采样过程中，采样脉冲是等间隔出现的。

4. 地质雷达实时采样出现的问题

地质雷达信号是否可以采用实时采样完成数字化过程？我们以常用的 100MHz 天线为例进行分析。地质雷达在实际应用过程中，为了达到良好的探测效果，其采样频率应该是天线主频率的 10 倍以上，即 100MHz 天线要达到 1000MHz 的采样频率，采样间隔 1ns，即 10^{-9}s，因此每个样点的采集、量化、存储，必须在小于 1ns 的时间内全部完成，目前市场上 A/D 芯片很难达到这一速度要求。因此必须选用新的采样技术完成这一要求。等效采样技术可以实现高频信号的采样。

3.2.2　等效采样

等效采样技术可以实现高频模拟信号的数字化，然而，这种技术要求信号具有周期性或可重复产生。而地质雷达采用有源发射技术，同一条件下，在同一地点发射两次电磁波脉冲，具有相同的地下发射规律。因此，地质雷达满足等效采样信号具有周期性或可重复产生的条件。

由于信号可以重复获得，故可以用较慢的采样速率将一个完整的采样过程分布在多个不同周期中进行。在得到所有不同时刻的样本集合后，按照一定的算法重新排序，可以重建原始信号。等效时间采样又称为变换采样或欠采样，它是以延长采样时间为代价来提高采样信号时间分辨率的一种采样技术，是解决高频模拟信号数字化的有效手段。

下面我们通过一个例子来说明等效采样过程。

已知有一个周期为 T_a 的连续周期信号 $\tilde{x}(t)$，其最高频率成分为 f_c。设 $f_s \geqslant 2f_c$，$T_s = 1/f_s = T_a/N$，N 为一正整数；令 $T'_s = mT_a + T_s = 1/f'_s$，其中，$m$ 为一正整数，现在以 f'_s 采样频率对 $\tilde{x}(t)$ 进行采样。

如图 3.5 所示，采样过程如下：第一次采样的时刻为周期原点（即 0 时刻）；经 $kT_a + T_s$ 时间后，进行第 2 次采样；再经过 $kT_a + 2T_s$ 时间后，进行第 3 次采样，…，依此类推。在上述采样过程中，由于两次采样的间隔大于 T_a，显然不满足采样定理 $f'_s \geqslant 2f_c$ 的条件。但幸运的是，经过 N 次采样后，恰好得到了一个完整周期的 N 个样

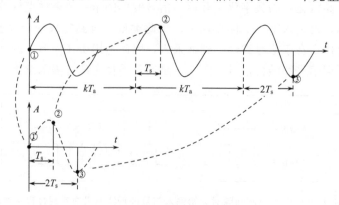

图 3.5　等效采样过程示意图

值。我们将这 N 个值按序重新排列在一个周期内，即可构成原始信号的一个完整周期采样值。这个过程可以等效为对 $\tilde{x}(t)$ 的一个周期顺序进行了 N 次采样，所以等效采样频率为 $f_s \geqslant 2f_c$，满足采样定理的要求。

在实际应用中，为获得较高的时间分辨率，只要定时精度允许，N 的取值可以很大；同时，为降低对 A/D 转换器的速度要求，k 的取值也可以很大。

如果能保证采样基准点时刻的一致性和 T_s 的精度，则可利用较低采样速率的 A/D 转换器，进行高频信号的等效采样。从这个意义上看，高频模拟信号的数字化问题在很大程度上转换为采样时刻的准确性问题。因此，是否具有高精度的可编程延时电路是实现等效采样数据采集系统的关键之一。

3.3　地质雷达控制单元系统

3.3.1　系统结构

控制单元系统是地质雷达系统最重要的组成部分之一，它的主要任务有两个：①对来自接收天线系统的高频雷达反射波信号进行数字化；②为系统各部件分配地址端口、提供启动信号和必要的控制信号。地质雷达控制单元系统的结构如图 3.6 所示。

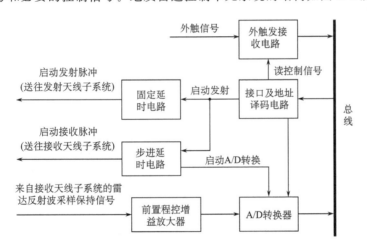

图 3.6　地质雷达控制单元系统结构框图

控制单元系统由下列功能电路构成。

（1）接口及地址译码电路：主要功能是为控制单元系统中各部分电路分配系统地址、提供启动信号和必要的控制信号。

（2）前置程控增益放大器：主要功能是对来自接收子系统采样保持后的雷达反射波信号进行阻抗匹配，并进行程控增益放大，使该信号的电压幅度尽可能接近 A/D 转换器的输入电压满度值，以便得到信噪比较高的数字化输出结果。

（3）A/D 转换器：主要功能是将前置程控增益放大器输出的模拟信号数字化。

（4）步进延时电路：主要功能是在系统启动脉冲触发下，延迟一个可编程时间段后，产生一个触发脉冲，用于启动接收天线系统的采样保持和控制单元系统的 A/D 转换。由于对一个完整雷达反射波的数据采集需要进行多次采样，每采一个样，其延时时间要改变一次，这样才能在多次采样过程中，等效获得一个雷达反射波不同时刻的样点幅值，这也是等效采样技术的关键所在。因此，要求该延迟时间具有精度高（最小定时单位可达 8ps）、可编程动态范围宽（可编程范围为 0～65535）的特点。

（5）固定延时电路：主要功能与步进延时电路类似。不同的是，其输出脉冲用于启动发射天线系统，控制发射高频高压雷达脉冲信号。该延时也是可编程的，它主要用来消除电路自身和传输线路带来的时滞影响，使得发射启动信号与接收启动信号之间的时间差控制在有效范围内。之所以称为固定延时，是因为在对一个完整雷达反射波的多次采样过程中，其延时始终是一个固定值。

（6）外触发接收电路：地质雷达系统有多种工作方式，其中之一是打标触发方式，即雷达波的发射和接收启动不是由微机系统程控提供的，而是通过系统外部机械或手工装置提供的。外触发接收电路的功能就是有效识别外界触发信号。

3.3.2　工作流程

数据采集与控制系统的主要功能是实现高频雷达反射波信号的数字化和为系统各部件分配地址端口、提供启动信号和必要的控制信号。因此其控制信号序列的产生和发出必须满足一定的顺序和规范。

在实际数据采集过程中，地质雷达系统共有时间触发、打标触发、测量轮触发等三种触发工作方式。但不管处于哪一种工作方式下，当系统发出启动工作信号之后，其采集控制流程是一样的。

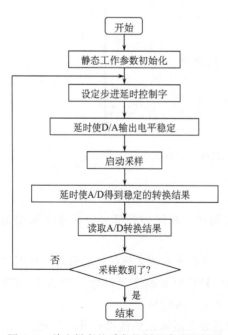

具体过程简述如下。

（1）初始化过程：设置包括固定延时控制字、采样样点数、叠加次数等在内的静态参数。

（2）设定步进延时控制字：步进延时控制字本质上用于控制等效采样间隔，因此每个样点变化一次。步进延时控制字需要送往 D/A 转换器，并通过 D/A 转换器间接实现延时控制。由于 D/A 转换器需要一定的稳定时间，因此设置步进延时控制字之后，需要等待 D/A 输出电平稳定。

（3）启动 A/D 转换并读取转换结果：发出 A/D 转换启动信号后，读取 A/D 转换结果。

（4）判断数据采集过程转换结束否：样点计数减 1；如果不为 0，则转至过程（2），进行下一个样点的数据采集；否则，本道数据采集过程结束。

图 3.7 单个样点的采集控制程序流程框图

图 3.7 是单个样点的采集控制程序流程框图。

3.3.3　接口及地址译码电路

不同型号雷达采用不同的接口（串口、并口、USB、网口、PCI 总线和 ISA 总线等）进行控制，因此不同型号雷达具有不同的接口控制电路。本书以 GR-2 型雷达为例进行描述。

接口及地址译码电路的主要作用是为控制单元系统中各部分电路分配系统地址、提供启动信号和必要的控制信号。

在 GR-2 型地质雷达系统中，接口及地址译码电路由一片 GAL20V8 阵列逻辑器件和一片 74HC139 译码器构成，它接收总线的地址信号和读写控制信号并形成相应的输出控制。具体电路如图 3.8 所示。

图 3.8 中，SA0～SA9 为总线地址信号；-IOR 和-IOW 分别为总线 I/O 读（写）信号，均为低电平有效；AEN 为总线地址有效信号。

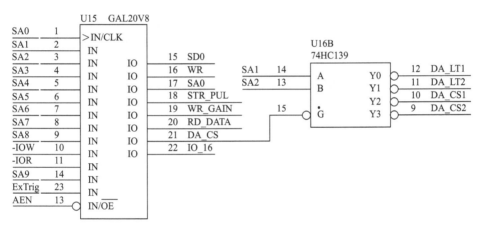

图 3.8　接口及地址译码电路

其各端口地址在微机系统中的定义和所提供的控制信号如表 3.1 所示。

表 3.1　地质雷达数据采集系统端口地址定义

读/写操作	端口地址	数据类型	信号名称	功能说明
读操作	200H	字（Word）	-RD_DATA	读取 A/D 转换结果
	202H	字节（byte）	SD0	读取外触发状态（仅 D0 位有效） D0=0：有触发，D0=1：无触发
写操作	200H	字（Word）	-DA_LT1	锁存步进延时字，仅提供触发信号，字内容可任意
	202H	字（Word）	-DA_LT2	锁存固定延时字，仅提供触发信号，字内容可任意
	204H	字节（byte）	-DA_CS1	送步进延时字低字节
	205H	字节（byte）	-DA_CS1	送步进延时字高字节
	206H	字节（byte）	-DA_CS2	送固定延时字低字节

读/写操作	端口地址	数据类型	信号名称	功能说明
写操作	207H	字节（byte）	-DA_CS2	送固定延时字低字节
	208H	字节（byte）	STR_PUL	发送启动脉冲，仅提供触发信号，字内容可任意
	209H	字节（byte）	-WR_GAIN	送前置程控放大器增益控制字（仅 D2D1D0 三位有意义） D2D1D0=000：增益为 1　D2D1D0=100：增益为 16 D2D1D0=001：增益为 2　D2D1D0=101：增益为 32 D2D1D0=010：增益为 4　D2D1D0=110：增益为 64 D2D1D0=011：增益为 8　D2D1D0=111：增益为 128

3.3.4　前置程控增益放大器

1. 前置程控增益放大器的作用和要求

由于探测对象的埋藏深度和地下介质的岩性不同，雷达反射波的信号幅度变化很大。为了有效提高 A/D 转换结果的信噪比，应使进入 A/D 转换器的信号幅度尽可能接近于其满度量程，因此，需要对 A/D 转换之前的雷达反射波采样保持信号进行程控增益的放大，以便得到较为理想的数字化雷达波信号。程控增益放大器又称为前置放大器。在雷达数据采集与控制系统中，对前置程控增益放大器的要求如下：

（1）台阶增益以 2 倍为最佳，以便在任何输入信号，总能设置一个合适的增益，使 A/D 转换结果的最高位有效，从而达到最佳 A/D 转换效果。

（2）总增益要足够大，以保证最弱的输入信号经过放大后，不被 A/D 转换器的量化误差淹没。

（3）输入阻抗足够高，使输入阻抗对接收信号的影响尽可能降低。

若前置程控增益放大器的增益级数为 m，A/D 转换器的转换位数为 n，则在没有其他可编程增益放大器的情况下，数据采集系统的动态范围约为 $6(m+n)$dB。如果系统的 $m=7$、$n=16$，相应的动态范围是 138dB。可见，前置程控增益放大器拓宽了采集系统的动态范围。

需要注意的是，前置程控增益放大器的增益改变并不是每次采样进行一次，而是每道采集进行一次，主要原因在于避免将前置程控增益放大器在不同放大倍数时存在的相对误差被引入转换结果中。

2. 前置程控增益放大器的输入信号特点

在控制单元系统中，进入系统的信号并非雷达反射波本身，而是经过采样保持后的雷达波信号。从微观的角度看，这实际上是一个直流信号，图 3.9 为雷达反射波采样保持信号示意图。这种直流特性的采样保持信号，对采样系统来说有利有弊。

由于输入的是直流信号，而且在整个信号周期内保持不变，这样对 A/D 转换器的转换时间要求较为宽松，只要雷达反射波的周期大于 A/D 转换时间，就能够用采样频率远远低于信号频率的 A/D 转换器对采样保持信号进行采样，为等效采样的实现提供

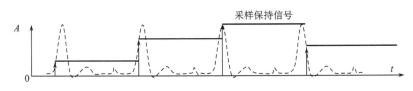

图 3.9　雷达反射波采样保持信号示意图

了必要条件。

　　需要注意的是，实际系统中，雷达发射脉冲宽度和反射波脉冲宽度远远小于 A/D 转换器的转换时间，因此，雷达发射脉冲和反射波周期实际上由 A/D 转换时间控制，这一点可以通过软件编程实现。因此在满足量化精度要求的前提下，仍然需要选择尽可能高采样率的 A/D 转换器，这样可以使雷达发射和反射波的周期较短，进而能以较少的时间获取雷达反射波数字信号，这对实际系统是非常重要的。

　　对输入的直流信号而言，它对系统电路增益精度和直流电平漂移提出了苛刻的要求。因为增益误差大于一定限度时，不同放大器输出级间的增益精度差可能导致数字化信号的信噪比降低；而直流信号的特点又不允许通过设置高通滤波器来去除前置放大器自身的漂移，只能通过设计低漂移前置放大器来解决。当增益较大或 A/D 转换器的动态范围较大时，低漂移电路的实现非常困难。

　　3. 前置程控增益放大器的实现

　　基于上述原因，系统选择了 ADI 公司的 AD526 可编程仪器放大器来构建前置程控增益放大器。

　　AD526 具有低漂移、低噪声、可编程的特点，其电压输入范围为 ±5～±15V；可编程增益范围为 1/2/4/6/8/16 可选；峰-峰噪声小于 $3\mu V$；直流漂移小于 0.25mV。其可编程功能由三个增益控制位 A2A1A0 和一个辅助控制位 B 实现。AD526 的增益控制实现如表 3.2 所示。

表 3.2　AD526 增益控制的实现

A_2	A_1	A_0	B	AD526 的增益值
×	×	×	0	1
0	0	0	1	1
0	0	1	1	2
0	1	0	1	4
0	1	1	1	8
1	×	×	1	16

　　由于雷达波的幅度变化远大于 16 倍（24dB），针对雷达系统探测深度要求，需要的程控增益大约为 100 倍（40dB）左右，因此我们采用了两片 AD526 级连的方式来构建前置程控增益放大器，其连接示意图如图 3.10 所示，控制功能通过软件发送图 3.10 中所示的增益控制字实现。该前置程控增益放大器的实测技术指标如表 3.3 所示。

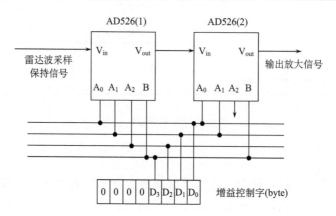

图 3.10　前置程控增益放大器连接示意图

表 3.3　前置程控增益放大器主要技术指标实际值

指标名称	数值	指标名称	数值
总增益	128 倍(42dB)	输入电压范围	± 10V
台阶增益	2 倍(6dB)	噪声	6μV p-p
增益误差	0.01%	直流漂移	0.4mV

3.3.5　A/D 转换

A/D 转换器的基本功能是实现模拟信号到数字信号的转换。按转换器的工作原理不同,A/D 转换器通常可分为积分型和比较型。积分型 A/D 转换器先将输入的模拟量转换为中间量,然后再将此中间量变换成相应的数字量。这种类型的 A/D 器件的特点是抗干扰能力强、精度高,但采样速率较低。中高速 A/D 转换器一般采用比较型。常见的几种中高速 A/D 转换器的类型如下。

(1) 并行 A/D 转换器:其原理是将模拟信号的采样值直接与各个不同的参考电压比较,从而得出相应的数字信号大小。这种方式只需一个内部周期即可得到数字结果,速度极快,但它需要 2^N(N 为 A/D 转换器的位数)个内部比较器,特别是其比较器数目随转换位数以 2 的幂方倍增,而比较器越多就越难以实现电路参数的一致性及各比较器的同时翻转,所以其转换精度通常不高。

(2) 逐次逼近型 A/D 转换器:其原理是利用比较器不断地对采样模拟信号与 D/A 转换器产生的标准模拟电压进行二分比较,直到两者之差小于 1LSB 为止。这种方式需要 n(n 为 A/D 转换器的转换位数)个内部周期来完成一次转换,所以其转换时间与转换精度成正比。它的优点是只需一个比较器,容易提高分辨率,电路也相对简化。

(3) ΣΔ 型 A/D 转换器:其原理是将模拟信号先进行 ΣΔ 调制,再通过高性能的数字滤波,就能得到高分辨率的数字信号。由于这种方式是通过过采样技术来实现的,所以能获得较大的信噪比,但需要注意的是,虽然其过采样频率很高,但能够采集的信号频率通常却较低,因为理想情况下,ΣΔ 型 A/D 转换的过采样频率 f_{os} 与信号频率 f_c 有这样的关系:$f_{os} \geqslant 2^{n+1}\pi f_c$。

由于雷达波的动态范围较大，通常为 100dB 以上，数字化的雷达波信号要准确反映模拟雷达波的面貌就必须具备足够的 A/D 转换精度，按照这种要求，其 A/D 转换器位数应不低于 14 位有效分辨率。另一方面，进入采集系统的仅仅是雷达波的采样保持信号，这是一个近似于直流的信号，所以对采样频率的要求并不高。

基于上述对雷达波信号特点和对 A/D 转换器特点的分析，雷达数据采集系统中本应选择 ΣΔ 型 A/D 转换器。但由于以下两点原因使得 ΣΔ 型 A/D 转换器不适合于采集雷达波：①ΣΔ 型的增量调制特性使其适于连续采集信号，而不便于等效采样数据；②雷达波采样保持信号的保持时间不长，以免电容漏电造成采样保持电平的变化影响采样精度，而高精度的 ΣΔ 型 A/D 转换器转换时的追踪时间过长，不能满足雷达波的采集要求。综合考虑采样精度、采样率以及成本因素，对雷达波数据采集来说，以逐次逼近型 A/D 转换器为最佳。

GR-2 型采集系统中的 A/D 转换器采用的是 ADI 公司生产的 16 位分辨率的 AD976。

3.3.6　步进延时电路与固定延时电路的作用和实现

步进延时用于启动接收天线和 A/D 转换器工作，它能够精确控制 A/D 转换器的采样时刻，每采一个样点其数值改变一次。而固定延时启动发射天线发出高频雷达电磁波，每道采样过程中固定不变。

1. 步进延时电路的作用

等效采样的基本原理就是通过多次触发、多次采样来获取和重建信号波形的。信号的周期性或重复性是等效采样的前提条件，等效采样把在信号不同周期中采样得到的数据进行重组，从而重建原始信号波形。

在地质雷达系统中，等效采样过程如图 3.11 所示。

当发射天线在系统控制下发出以 T_0 为周期的单窄脉冲雷达信号后，接收系统将会接收到相似的窄脉冲反射波信号。由于脉冲宽度较窄，势必要求采样间隔较小，才能获

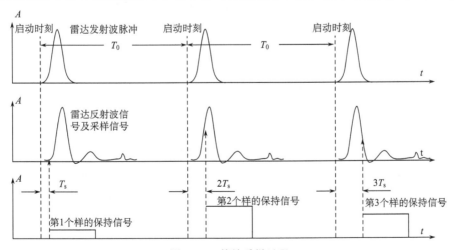

图 3.11　等效采样过程

取细致的接收脉冲信号。但受技术条件限制，现有的 A/D 转换器不可能在一个周期内依据采样定理完成对它的多次采样，于是，设想每一个周期在不同的 kT_s（$k=0$，1，2，…）时刻进行一次采样，并使得 T_0 较大，以满足实际 A/D 转换器的最大转换速率限制的要求。当定时精度满足 T_s 要求时，即可实现用低速 A/D 转换器对高频窄脉冲信号的数字化。

在图 3.11 所示的采样过程中，每一次启动开始后的 kT_s（$k=0$，1，2，…）时刻，接收天线系统发送该时刻的采样保持电平给数据采集系统进行 A/D 转换。由于该采样保持信号会保持一段时间，只要这段时间大于 A/D 转换时间，A/D 转换器就能准确得出电平信号量化值。

从上述等效采样过程可以看出，采样保持动作的开始时刻〔即 kT_s（$k=0$，1，2，…）〕的准确性是等效采样技术的关键所在。当雷达系统发出启动工作信号后，数据采集与控制系统同时启动两个定时器工作，一个称为固定延时器，一个称为步进延时器，它们定时时间到后，分别启动发射天线系统发出雷达电磁波和接收天线系统启动采样保持。这个步进延时器就是用来控制采样保持动作的开始时刻的。只有经过一段时间的采样保持，A/D 转换器才能有足够长的时间对原来的超高频雷达波信号进行量化。

在等效采样过程中，由于每次采样保持动作的开始时刻与上一次采样保持动作的开始时刻相比，仅增加一个 T_s，这个 T_s 即等效于雷达反射波信号相邻两个样点的采样间隔，因此像是每一次的采样时刻都在“步进”，所以将用于控制启动接收天线采样保持的定时器称为步进延时器。

对步进延时器的要求有两点：①可编程，即每一次采样需要确定不同的采样时刻；②准确，因为其微小的误差将造成 A/D 转换结果的严重失真。

在 GR-2 型雷达数据采集系统中，步进延时器是由一个斜波发生器可编程实现的，该定时器的最小定时间隔为 8ps，可编程范围为 0～65535。

2. 固定延时电路的功能

在数据采集系统中，由于接收电路和发射电路中的参数和传输线的长度不同，会产生不同的时间延迟，称为时滞。当两个时滞差距过大时，可能会采集不到来自发射天线的雷达波信号。

设 T_s 为步进延时器时基，T_{length} 为雷达反射波的延续时间，则步进延时的控制范围为 kT_s（$k=0$，1，2，…，n），且应有 $nT_s > T_{length}$，以保证能接收到完整的雷达反射波信号。$T_{rendun} = nT_s - T_{length}$ 为采集时间裕量，它表明了采集雷达反射波信号时第一个采样点允许的最迟开始时刻采样。又设 T_{tran} 为发射电路的时滞；T_{rcv} 为接收电路的时滞，这其中包括了步进延时器产生的初始固定延迟和雷达反射波的旅行时间 T_{traval}；则对发射过程来说，在没有其他人为延时的情况下，雷达系统发出启动信号到发射天线系统发射出雷达脉冲波时的时间间隔就是 T_{tran}；而对接收过程来说，雷达系统发出启动信号到接收天线系统发出雷达脉冲波的采样保持信号的时间间隔是 $T_{rcv} + kT_s$（$k=0$，1，2，…，n）。

下面将说明 T_{tran} 和 $T_{rcv} + kT_s$ 两者之间的相互关系的重要性，它将决定能否接收到有效的雷达波信号。

如图 3.12 所示，令 $T_{\text{rcv-all}} = T_{\text{rcv}} + nT_{\text{s}}$，当 $T_{\text{tran}} > T_{\text{rcv}} + T_{\text{rendun}} = T_{\text{rcv-all}} - T_{\text{length}}$ 时，说明当整个一道的 n 次采样工作全部完成时，还有一部分雷达反射波尾部的信号没有被采集，这时，对雷达反射波信号的采集是不完整的。当这种情况继续恶化，以至于 $T_{\text{tran}} > T_{\text{rcv}} + nT_{\text{s}}$（即 $k=n$）时，如图 3.13 所示，则说明对于任何一次采样，接收电路总是先于发射电路工作，即每一次采样过程都提前开始，甚至最后一次采样，也不能采集到雷达反射波的头部信号，这种情况下，根本没有采集到雷达反射波信号。

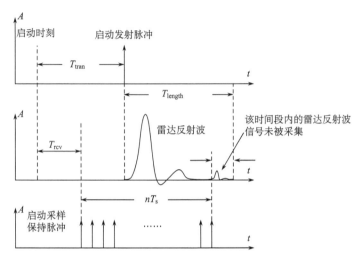

图 3.12　当 $T_{\text{tran}} > T_{\text{rcv}} + nT_{\text{s}} - T_{\text{length}}$ 时的雷达反射波采集情况

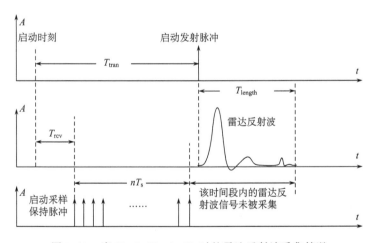

图 3.13　当 $T_{\text{tran}} > T_{\text{rcv}} + nT_{\text{s}}$ 时的雷达反射波采集情况

反之，如图 3.14 所示，当 $T_{\text{tran}} < T_{\text{rcv}}$（即 $k=0$）时，则说明对于前面若干次采样，发射电路会先于接收电路工作，这意味着雷达反射波前部的信号也不能被采集到。若 T_{rcv} 的值选择不当，这种情况会恶化，例如，当 $T_{\text{tran}} < T_{\text{rcv}} - T_{\text{length}}$ 时，如图 3.15 所示则整个雷达反射波信号都不能被采集到。因为这种情况下，对于任何一次采样，发射脉冲和反射波信号已经结束，接收电路还没有开始工作，必然采集不到雷达反射波信号。

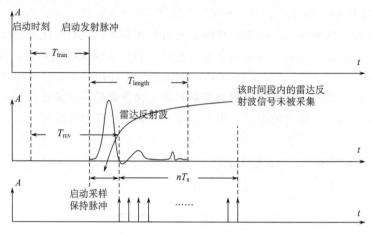

图 3.14　当 $T_{tran} < T_{rcv}$ 时的雷达反射波采集情况

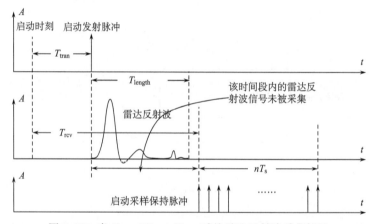

图 3.15　当 $T_{tran} < T_{rcv} - T_{length}$ 时的雷达反射波采集情况

上述分析表明，若要采集整个雷达反射波信号，发射时滞和接收时滞必须满足一定的关系，方能接收到完整的雷达反射波信号，即

$$T_{rcv} < T_{tran} < T_{rcv} + T_{randun} = T_{rcv} + nT_s - T_{length} \qquad (3.5)$$

由于 T_{rcv} 中含有步进延时器产生的初始固定延迟 T_c 和雷达反射波的旅行时间 T_{traval}。通常 T_c 较大，对 T_{tran} 来说，仅靠发射电路自身的时滞，难以保证 $T_{tran} > T_{rcv}$，另外 T_{traval} 是一个随探测深度变化而变化的量，要求 T_{tran} 随探测对象的埋藏深度变化而变化。

基于这些要求，需要对发射电路的启动脉冲与接收电路的启动脉冲之间的时间间隔加以人为控制，即加入一个可编程定时长度的延时，并且其延时精度要不低于步进延时的定时精度，以免劣化步进采样时刻的精度。由于该延时长度在每一道数据（含有64～32768个样点）采集过程中，其延时长度固定不变，所以称为固定延时，相应的定时器称为固定延时器。

设固定延时器的最大延时长度为 T_{cmax}，最小延时长度为 0，则加入延时后的发射电路时滞，应满足

$$\begin{cases} T_{tran} + T_{cmax} > T_{rcv} \\ T_{tran} < T_{rcv} + nT_s - T_{length} \end{cases} \tag{3.6}$$

式(3.6)是我们设计固定延时电路的理论依据,其雷达反射波的正确数据采集过程典型示意图如 3.16 所示。

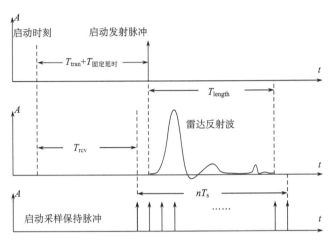

图 3.16　雷达反射波的正确数据采集过程典型示意图

固定延时由一个斜波发生器式可编程定时器产生,该定时器的最小定时间隔为 8ps,可编程范围为 $0 \sim 65535$。

3.3.7　外触发信号接收电路及其实现

地质雷达系统通常有三种触发工作方式:第一种是自动触发方式,当系统发出启动信号后,数据采集与控制系统将一道接一道不停地采集数据并将其显示出来,直到系统发出停止命令为止,这种方式是最经常使用的一种工作方式;第二种是打标触发方式,所谓打标触发是指雷达波的发射启动和反射波的接收启动不是由微机系统程控提供的,而是通过系统外部机械或手工装置人为操纵的,外触发接收电路的功能就是能够有效识别这个外界触发信号;第三种是测量轮触发方式,它是由测量轮按照预先设定好的距离向控制单元系统提供触发脉冲信号。

对控制单元系统来说,打标触发方式和测量轮触发方式工作时,都需要接收打标触发信号。不论是用机械触发还是用手工触发产生打标信号,打标装置都可等效为一个开关。平时打标开关处于断开状态,当开关闭合时产生打标触发电平。

控制单元系统采用程序查询方式获取打标状态,对数据采集和控制系统来说打标触发信号是一个电平信号,由于查询速度远高于机械装置或手工操作的速度,因此与总线的连接不需要锁存,仅需要三态门缓冲即可,从而简化了电路设计。

图 3.17 是数据采集与控制系统中实际外触发信号接收电路原理图。图中,R_1 是一个上拉驱动电阻,用于为输入触发电平和三态缓冲门提供必要的驱动电流,在打标等效开关处于断开状态时,它确保进入三态缓冲门的信号为高电平信号;R_2 和 C_1 构成一个

阻容滤波器，用于滤除瞬间的高频干扰信号；D_1是一个开关二极管，起保护作用，它的存在可以保证三态缓冲门的输入端不会出现过低的负电平，而这一点对于 TTL 电平的数字电路非常重要，否则将会损坏集成电路芯片。

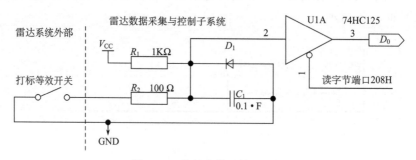

图 3.17　外触发信号接收电路

当确认接收到打标触发信号后，对于打标触发工作方式，通过程序令数据采集与控制系统发出启动信号，这之后就与自动触发方式的工作过程完全一致了。

3.3.8　地质雷达工作时序

地质雷达系统要想正常发射超高频雷达脉冲信号、接收和数字化雷达反射波信号，其各系统必须遵循极为严格的时序配合关系，这是由雷达波超高频信号的特点所决定的。地质雷达各部分的工作时序如图 3.18 所示。具体描述如下：

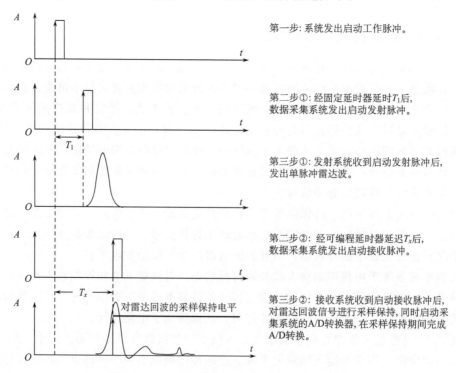

图 3.18　GR-2 设计的地质雷达各部分工作时序

第一步微机系统或打标电路发出启动工作脉冲。

第二步①在启动工作脉冲的触发下，固定延迟电路延迟规定的时间后，发出启动发射脉冲给发射子系统；②同时步进电路延迟规定的时间后，发出启动接收脉冲给接收子系统、发出启动命令给 A/D 转换器。

第三步①发射子系统发射高频高压电磁波脉冲；②同时接收子系统对雷达反射波信号进行采样保持，A/D 转换器对雷达反射波的采样保持信号进行 A/D 转换。

3.4　接收及发射子系统

3.4.1　地质雷达接收机

地质雷达实际采样信号很弱，如何将弱信号采样保持，并将保持数据供给采集卡进行模数转换，这是接收机必须解决的问题。

如何采样高频信号？

接收机的功能：通过采样头将高频信号变成低频信号，通过二次采样对信号进行保持。接收机对电路板设计满足高频电路设计要求。

GR-2 型地质雷达系统设计了延长重采样接收机，主要包括电源、触发脉冲形成电路、雪崩电路、高频采样头双脉冲产生器、高频采样头、高频放大器、延长门采样脉冲形成电路、延长门、积分器和反馈电路。各电路模块的控制流程如图 3.19 所示。

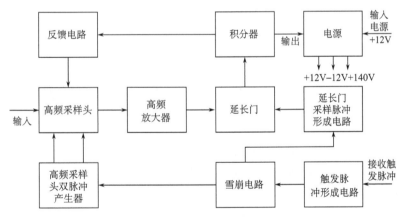

图 3.19　接收控制器

各个电路的主要功能如下。

电源的作用：从电池输入＋12V 电压（与系统电源隔离），产生＋12V 和＋140V输出电压。产生的＋140V 输出电压给雪崩电路用，以产生上升沿（或下降沿）极快的雪崩脉冲，产生的＋12V 用于其他电路。

触发脉冲形成电路作用：从时基电路送来的一个接收触发信号，用来触发雪崩电路产生雪崩脉冲，但送来的接收触发信号的幅度和下降沿不满足要求，需要对接收触发信号进行整形，用 LM7171 芯片整形后推动 2N3906 产生一个适应于雪崩电路需要的触发信号。

雪崩电路作用：经整形处理的接收触发信号，触发雪崩三极管 2N2219 产生雪崩脉冲，雪崩脉冲的下降沿可达 100V/2ns，雪崩脉冲输出一部分送到高频采样头的采样双脉冲产生器，另一部分送到延长门采样脉冲形成电路。

高频采样头双脉冲产生器作用：高频采样头需要一个严格对称的采样双脉冲信号，此采样双脉冲信号的脉宽 0.3ns，幅度大于 2V，正负严格对称。高频采样头双脉冲产生器就是为了产生这样一个适应于采样头需要的采样双脉冲信号。

高频采样头作用：采样头包括采样门、采样门偏置和前放等。采样头的核心就是采样门，GR-2 采用 HMHS-2828 器件，它由四个高速采样二极管构成，利用电阻电容构成采样门偏置电路，用场效应管 2N5486 对采集高速微弱电信号放大。

高频放大器作用：将采样头拾取的信号进行放大。放大增益在 100 左右，放大器的带宽在 200kHz～10MHz。

延长门采样脉冲形成电路作用：雪崩脉冲的一路输出信号经 LM7171 芯片整形后形成脉宽为 1μs 的脉冲信号用以打开延长门。

延长门作用：高频采样头的采样门导通时间很短，一般在 100ps 以下，因而采样头的前置放大器 2N5486 输出脉宽极窄、幅度很小的脉冲信号，高频放大器将采样头拾取的信号进行放大的同时，还进行了滤波处理，将信号的带宽限制在 200kHz～10MHz 之内，其结果是将幅度很小的极窄脉冲信号变成了幅度大的宽脉冲托尾信号，延长门在 1μs 的延长门采样脉冲的控制下，对幅度大的宽脉冲托尾信号采样，经积分电路积分后输出。

积分器作用：对经延长门二次采样的输出信号进行积分并输出。

反馈电路作用：将积分输出信号反馈至采样头偏置电路，从而将采样头、高放、延长门、积分器和反馈电路等构成闭合回路，从而构成一个差分取样接收机。

3.4.2 地质雷达发射机

该单元主要功能是产生上升时间极短的电磁脉冲。主要包括触发脉冲形成电路、雪崩电路、电源。各电路的控制流程如图 3.20 所示。

各电路的主要功能如下。

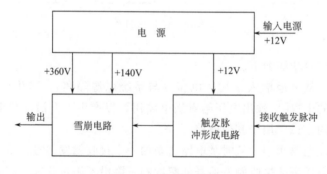

图 3.20 发射控制器

触发脉冲形成电路：从时基电路送来的一个发射触发信号，在此触发信号的同步下，产生一个激励发射源发射脉冲需要的触发信号。

雪崩电路：利用雪崩开关方式进行快速加压，从而产生所需的高压电磁脉冲。

电源：可产生＋12V、＋140V、＋360V 三种电源，分别用于不同宽度的脉冲发射源。

发射源的脉冲宽度不同，对应的天线也不同。如 1ns、2ns、5ns、10ns 四种发射源分别对应 1000MHz、500MHz、200MHz 和 100MHz 的天线。

3.4.3　地质雷达天线

目前地质雷达采用的天线主要有微带蝶形天线和振子天线两种，因为这两种天线具有较宽的频带。屏蔽天线常采用微带蝶形天线，主要应用于 100MHz 到 2000MHz 天线之间。非屏蔽天线常以拉杆振子天线为主，主要应用于 20MHz 到 500MHz 天线之间。目前在高速公路和铁路应用中出现空气耦合天线，主要应用于 1000MHz 到 2600MHz 天线之间。

从实际应用看，地质雷达天线的工作情况比较复杂，它处于近场区。一方面，近场的电作用很大；另一方面，地面对天线有很大影响，它会影响天线的匹配，从而影响发射效率和波形。

天线设计采用以下方式进行综合考虑：

（1）在天线的设计中要把地面的影响考虑在内，天线与地面作为一个耦合系统一起讨论；

（2）要从时域和频域二个方面设计天线结构。对空间而言，由于发射信号是宽带的，且是一个低频分量丰富的信号，而天线是高通的，对低频分量有滤波作用，二者有一个最佳选择。对发射机而言，同样需要时域匹配，要保证各频率分量在幅度和相位上都有平坦的响应。单从频域角度设计就不能满足需要。

阻抗匹配对于天线的发射、接收效率极为重要，如果阻抗不匹配，就会产生较大的驻波，不但造成多次振荡干扰，而且发射效率大大降低。

图 3.21 是 GR-2 型雷达设计的微带蝶形天线模型。

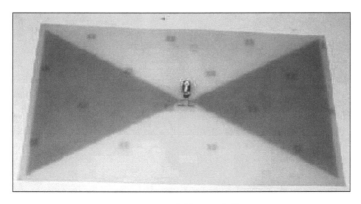

图 3.21　微带蝶形天线模型

　　天线发射电磁波，是馈点脉冲信号传播到天线末端不断的积分过程，因此天线的长度决定了天线发射电磁波的频率，宽度决定发射电磁波的带宽。天线既要考虑带宽，也要考虑发射效率。

参 考 文 献

甘露，甘良才，田茂，等．2008.高分辨率探地雷达步进系统的研究与实现．电波科学学报，23（3）：555～559

梁步阁，陈小娟，朱畅，等．2005.超宽带雷达实验系统中大功率纳秒级脉冲源的研制．微波学报，25（01）：26～30，34

彭苏萍，杨峰，苏红旗．2002.高效采集地质雷达的研制与实现．地质与勘探，38（5）：63～65

沈兰荪．1995.高速数据采集系统的原理与应用．北京：人民邮电出版社

沈兰荪，周长城．1998.数字采集与处理技术．西安：西安交通大学出版社

苏红旗．2004.地质雷达信号数据采集方法及系统研究．北京：中国矿业大学（北京）博士论文

王洪．2007.宽带数字接收机关键技术研究及系统实现．成都：电子科技大学博士论文

王湛．2004.数字接收机中超高速 A/D 转换电路的 PCB 设计．现代雷达，26（9）：63～66

吴建斌，田茂，李太全．2007.等效采样方法在探地雷达中的应用研究．电子测量技术，30（10）：1～3

吴建平，李建强．2002.数字程控放大器设计与应用．成都理工学院学报，29（06）：665～668

薛天宇，孟庆昌．2001.模数转换器应用技术．北京：科学出版社

严明，田茂，甘露，等．2007.冲击型探地雷达回波信号的等效采样方法研究．武汉大学学报（信息科学版），32（04）：373～375

杨峰．2004.地质雷达系统及其关键技术的研究．北京：中国矿业大学（北京）博士论文

张嵘．2002.宽带高灵敏度数字接收机．成都：电子科技大学博士论文

张需溥，钟顺时．2001.蝶形微带天线的全波分析与宽带设计．电波科学学，16（4）：419～421

Lee C S，Tung-Hung Hsieh T H，Chen P W．2003. Electrically steerable cylindrical microstrip array antenna. Microwave and Optical Technology Letters，36（5）：386～387

Wang T，Keller J M，Gader P D．2007. Frequency subband processing and feature analysis of forward-looking ground-penetrating radar signals for land-mine detection. IEEE Transactions on Geoscience and Remote Sensing，45（3）：718～729

Zhou W，Wang C，Tian M，Wu J B．2004. Research on a sample-collecting method of echo data of ground penetrating radar based on equivalent time sampling. Radar Science and Technology，2（01）：6～9

第4章　常用地质雷达设备及数据结构

本章主要介绍目前国内外常用地质雷达设备及数据采集常用的存储格式，该数据格式对软件系统的二次开发具有重要意义。

4.1　地质雷达设备

1. 国内常用雷达

目前国内常用的地质雷达设备有中国矿业大学（北京）研制的 GR 雷达系列、中国电波传播研究所（青岛）研制的 LTD 雷达系列、航天部爱迪尔公司（北京）研制的 CIDRC 雷达系列、北京市康科瑞工程检测技术有限责任公司研制的 KON-LD（A）工程雷达、骄鹏公司研制的 GEOPEN 型地质雷达等。图 4.1 是中国矿业大学（北京）自主开发的 GR 地质雷达系列产品，图 4.2 是其他国产地质雷达产品。

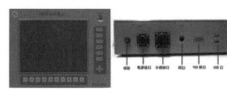

主机正面板　　　　　　　侧面接口
(体积: 31cm×23cm×8cm)

(a) 一体化主机

计算机与控制单元　　控制单元正面接口　　控制单元背面接口
(体积: 36cm×22cm×7cm)

(b) 分体式主机

600MHz屏蔽天线　400MHz屏蔽天线　　200MHz屏蔽天线
(体积: 30cm×　　(体积: 50cm×35cm　(体积: 83cm×50cm
20cm×15cm)　　　×18cm)　　　　　×24cm)

(c) 系列天线

图 4.1　GR 地质雷达

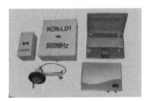

(a) KON-LD主机及天线

(b) LTD主机

(c) GEOPEN雷达主机

图 4.2　其他国产地质雷达

2. 国外常用雷达

目前在国内常用的国外地质雷达主要有美国 GSSI 公司研制的 SIR 系列地质雷达、瑞典 MALA 公司研制的 RAMAC/GPR 系列地质雷达、加拿大 Sensors&Software 公司生产的 Pulse-EKKO 系列地质雷达、拉脱维亚 Zond 公司生产的 Zond 系列地质雷达、意大利 IDS 公司研制 RIS 系列地质雷达、英国 Utsi Electronics 公司研制 Groundvue 系列地质雷达等。读者可以上网查到相关资料，本书不详细介绍。

4.2　常用地质雷达数据结构

1. GR 系列地质雷达数据结构

GR 系列地质雷达是由中国矿业大学（北京）研制的，具有自主知识产权的地质雷达设备。数据文件包含采集参数和数据体，以".dat"为文件名后缀，数据文件具体格式如下：

```
{
    文件头；
    数据体；
}。
```

文件头参数说明如下：

```
struct FILEHEAD
{
        short time _ range;  //时间量程
        short v _ range;  //电压
        short frequent;  //采样频率
        short first _ data;  //第一数据段地址
        short last _ data;  //后数据段地址
        short filename1；  //采样主文件名
        short filename2；  //采样子文件名
        short t0；  //t0 时
        short time _ wnd；  //时间窗口/10.0
        short jidian；  //介电常数
        short sig；  //数据文件标志，若为 0x55aa，则为本处理程序的有效数据
        short no2；  //保留
        short impulse；  //脉冲重复频率
        short no3；  //保留
        short disp；  //道间距（毫米）1m＝1000 mm
        short no41；  //保留
        short no42；  //保留
```

　　short no43；//保留

　　short no44；//保留

　　short no45；//保留

　　short no46；//保留

　　short no47；//保留

　　short measure＿wheel；//测量轮直径

　　short no5；//保留

　　short twopointimpulse；//采集两点脉冲数

　　short no6；//保留

　　int trace＿num；//数据道数

　　short no7；//保留

　　short no8；//保留

　　short zhuanghao＿k；//大里程桩号（公里）

　　short zhuanghao＿m；//小里程桩号（分米）

　　short SignInt；//标间距（厘米）

　　short filetype；//文件类型：0 是时间剖面　1：为频率剖面

　　short no93；//保留

　　unsigned short sample＿num；//采样长度＝ sample＿num ＊512

　　short no10；//保留

　　short zhuangdirect；//桩号方向 1：桩号递增采集　0：桩号递减采集

　　int last＿point；//最后一个实际探测点数

　　char fn［62］；//控制对美国 DZT 数据的参数文件

　　unsigned short dztsig；//控制美国数据文件中的标记信息参数

　　char cemianfn［100］；//保存层面追中文件名称

　　short no11［390］；//保留

　};

数据体说明如下：

{

　　第 1 道数据；

　　第 2 道数据；

　　……

}

　　每一道数据的每个样点采用短整型保存，每一道的前 4 个字节同时也是标记控制信息，如果为十六进制数 55aa，就是打标记录道。

　2.SIR 系列地质雷达数据结构

　　美国 GSSI 公司生产 SIR 系列地质雷达采集的数据文件包含采集参数和数据体，以".dzt"为文件名后缀，数据文件具体格式如下：

```
{
    文件头；
    数据体；
}。
```

文件头参数说明如下：

```
struct tagRFDate // File header date/time structure
{
    unsigned sec2 : 5; // second/2 (0～29)
    unsigned min : 6; // minute (0～59)
    unsigned hour : 5; // hour (0～23)
    unsigned day : 5; // day (1～31)
    unsigned month：4; // month (1＝Jan, 2＝Feb, etc. )
    unsigned year : 7; // year-1980 (0～127 ＝ 1980～2107)
};
struct RGPS
{
    char RecordType [4]; //" GGA"
    DWORD TickCount; //CPU tick count
    double PositionGPS [4]; //GPS 定位
};
struct FSIRHEAD
{
    short    rh _ tag; // 0x00ff if header, 0xfnff for old file 00
    short    startpoint; // constant 1024 (obsolete) 02
    short    sample _ length; //04
    short    datamode; //16 为 16 位二进制数据，8 为 8 字节类型//06
    short    rh _ zero; // Offset (0x80 or 0x8000 depends on rh _ bits) 08
    float    rhf _ sps; // scans per second 10    41800000H
    float    tracedisp; // scans per meter 14 // 道间距
    float    rhf _ mpm; //    meters per mark 18
    float    rhf _ position; // position (ns) 22
    float    timewnd; //时间窗 单位：ns   26～29
    short    rh _ npass; // num of passes for 2-D files 30    00 01
    struct tagRFDate rhb _ cdt; // Creation date & time 32
    struct tagRFDate rhb _ mdt; // Last modification date & time 36
    short rh _ rgain; // offset to range gain function 40
    short rh _ nrgain; // size of range gain function 42
    short rh _ text; // offset to text 44
```

```
    short rh _ ntext; // size of text 46
    short rh _ proc; // offset to processing history 48
    short rh _ nproc; // size of processing history 50
    short rh _ nchan; // number of channels 52
    float rhf _ epsr; // average dielectric constant 54
    float rhf _ top; // position in meters 58
    float rhf _ depth; // range in meters 62
    float rh _ fstartx; //   测线 X 坐标起点 66
    float rh _ fendx; //   测线 X 坐标终点 70
    float rhf _ servo _ level; // 高程  74
    char reserved [3]; // 保留 78
    short rh _ linenum; // line number 86
    BYTE rh _ accomp; // Ant Conf component 81
    short rh _ sconfig; // setup config number 82
    short rh _ spp; // scans per pass 84
    float rh _ fstarty; //88
    float rh _ fendy; //92
    BYTE rh _ lineorder: 4; // 96
    BYTE rh _ slicetype: 4; // 96
    char rh _ dtype; // 97
    char rh _ antname [14]; // Antenna name 98
    BYTE rh _ pass0TX: 4; // Activ Transmit mask 112   Geophysical Survey
    //Systems, Inc. SIR-3000   User's Manual   MN72～433
    //Rev F 57
    BYTE rh _ pass1TX: 4; // Activ Transmit mask 112
    BYTE rh _ version: 3; // 1: no GPS; 2: GPS 113
    BYTE rh _ system: 5; // 3 for SIR3000 113
    char rh _ name [12]; // Initial File Name 114
    short rh _ chksum; // checksum for header 126
    char   variable [815]; //Variable data 128
    struct RGPS rh _ RGPS [2]; //GPS info
};
```
数据体说明如下：
```
{
  第 1 道数据；
  第 2 道数据；
  ……
}
```

每一道数据的每个样点有两种存储形式：字节或字，由 datamode 参数控制。每一道的前 2 个字节同时也是标记控制信息。

3. Pulse EKKO 系列地质雷达数据结构

Pulse EKKO 地质雷达采集的数据包含两个文件：采集参数文件和数据文件，其后缀分别为". HD"和". DT1"。数据文件又包含道头信息和数据体。

采集参数文件具体格式如下：

{

09/01/20 // 时间信息

NUMBER OF TRACES　　= 34　// 采样道数

NUMBER OF PTS/TRC　= 1875 // 采样点数

TIMEZERO AT POINT　= 213.600006 //时间零线设定

TOTAL TIME WINDOW　= 750 //时间窗（纳米）

STARTING POSITION　= 0.000000 //空间起点（起始道）位置

FINAL POSITION　　　= 8.250000 //空间终点（终止道）位置

STEP SIZE USED　　　= 0.250000 //道间距

POSITION UNITS　　　= m　//道间距单位

NOMINAL FREQUENCY　= 100.000000 //主频

ANTENNA SEPARATION = 1.000000 //天线间距

PULSER VOLTAGE（V）= 1000 // 脉冲发射电压

NUMBER OF STACKS　= 32 // 数据叠加次数

SURVEY MODE　　　　= Reflection //勘探形式

DVL Serial #　　　　= 0000-3756-0028 //以下为各种串口序号和工作电压

Console Serial #　　= 0022-3713-0015

Transmitter Serial # = 0026-3772-0008

Receiver Serial #　　= 0025-3774-0008

Start DVL Battery　= 12.68V

Start Rx Battery　　= 11.97V

Start Tx Battery　　= 12.30V 12.30V

}

数据文件具体格式如下：

{

第 1 道道头信息 128 字节；

第 1 道数据；

第 2 道道头信息 128 字节；

第 2 道数据；

……

}

　　每一道的道头信息第 98 和 99 字节为打标信息，当这两个字节内容分别为十六进制数 3F80，该道为打标记录道。

4. MALA 系列地质雷达数据结构

　　MALA 地质雷达采集的数据包含三个文件：采集参数文件、数据文件和打标信息文件，其后缀分别为 ". RAD"、". RD3" 和 ". MRK"。由于不同升级版本雷达设备在打标信息文件后缀除了 ". MRK" 以外，还有以 ". MKR" 和 ". MKN" 为文件名后缀。

　　采集参数文件具体格式如下：

```
{
    SAMPLES：512 // 采样点数
    FREQUENCY：1197.061193 // 采样频率
    FREQUENCY STEPS：23 // 频率步进
    SIGNAL POSITION：-0.655518 // 有效信号延迟位置
    RAW SIGNAL POSITION：50815 // 整个原始信号延迟
    DISTANCE FLAG：0    // 空间距离单位标示
    TIME FLAG：0    // 时间单位标示
    PROGRAM FLAG：1 // 应用程序标示
    EXTERNAL FLAG：0 // 扩展标示
    TIME INTERVAL：1.000000 // 时间间隔大小
    DISTANCE INTERVAL：0.010007 // 空间道间距大小
    OPERATOR：    // 操作者
    CUSTOMER：    // 用户名称单位
    SITE：    // 数据采集地点
    ANTENNAS：    // 天线类型
    ANTENNA ORIENTATION：NOT VALID FIELD // 天线测试方向
    ANTENNA SEPARATION：1.000000 // 天线间距
    COMMENT：// 备注信息
    TIMEWINDOW：0.400982 // 时间窗大小
    STACKS：16 // 样点数据叠加次数
    STACK EXPONENT：4 // 未知
    STACKING TIME：0.076800 // 样点叠加时间
    LAST TRACE：35 // 终止道数
    STOP POSITION：0.00 // 测线终止位置
    SYSTEM CALIBRATION：0.0000363208 // 系统校准参数
    START POSITION：0.00 // 测线起始位置
    SHORT FLAG：0 // 短时基标记
    INTERMEDIATE FLAG：1 // 中时基标记
```

　　LONG FLAG：0 //长时基标记

}

数据文件具体格式如下：

{

　　第 1 道数据；

　　第 2 道数据；

　　······

}

每一道数据的每个样点采用短整型（2 个字节）存储。

打标信息文件具体格式如下：

{

Trace no.	Sample	Type
10	0	1
12	0	1
······		

}

其中 Trace no 列就是打标道数。其他两列意义不是很明确。

5. IDS 系列地质雷达数据结构

　　意大利 IDS 公司研制的地质雷达数据没有公开，经过多方测试，只能给出局部关键参数的格式信息。该公司研制的雷达设备采集数据文件包含三部分：文件头信息、道头信息和数据体。文件头信息主要保存采集参数，道头信息主要保存标记信息，数据体主要保存探测数据结果。意大利 IDS 新的雷达主机对采集参数和数据体信息均进行了加密处理。

　　文件头信息由于没有公开发表，只是根据实际采集参数情况推算，推算结果如下：

{

字节数	内容
1～2	文件标志信息，十六进制为 0356
3～5	未知信息
6	控制信息参数：控制采集样点数，时间窗参数位置，数据道位置
其他	未知信息

}

控制信息的控制方式如下：

{

控制信息参数大小（十六进制）	采样长度（十六进制）	时间窗偏移字节数	数据道偏移字节数
1	128 * 1	0e38	0f3c
2	128 * 2	1c38	1e3c

3	128 * 3	2a38	2d3c
4	128 * 4	3c3c	4040
5	128 * 5	e88＋(5－1) * e00	3900 ＋ (5－1) * 3840
6	128 * 6	e88＋(6－1) * e00	3900 ＋ (6－1) * 3840
7	128 * 7	e88＋(7－1) * e00	3900 ＋ (7－1) * 3840
8	128 * 8	783c	8040

}

道头信息包含 4 个字节的长整型数,如果数值为十进制数 2386,这个道就是标记道。

数据体为短整型整数。

道头信息和数据体具体结构如下:

{

　　第 1 道道头信息 4 字节;

　　第 1 道数据;

　　第 2 道道头信息 4 字节;

　　第 2 道数据;

　　……

}。

6. SEGY 数据结构

SEGY 数据格式是地震勘探标准格式之一,目前很多地震软件具有很强的处理分析功能,因此,常常需要将地质雷达数据转换成 SEGY 数据格式,采用地震软件处理地质雷达数据。

SEGY 数据格式分为以下三部分:3600 个字节组成文件头、240 个字节组成的道头和数据体。具体结构如下:

{

　　文件头信息;

　　第 1 道道头信息;

　　第 1 道数据;

　　第 2 道道头信息;

　　第 2 道数据;

　　……

}。

3600 个字节组成文件头具体参数如下:

{

　　char nouse1 [3200];

　　char nouse2 [12]; //1～4 作业标识号 5～8 测线号和 9～12 卷号

　　short traces _ per _ record; //记录道数,即每次放炮的道数　13～14

short futrace；//15、16 每个记录的辅助道数

short saminter；//17、18 这一卷带的采样间隔（微秒）

short saminteryw；//19、20　野外记录的采样间隔（微秒）

short sampoint；//每道的采样点数 21、22

short sampointyw；//野外记录每道的样点数 23、24

short code；//25～26 格式代码：1：浮点（4 字节）　2：定点（4 字节）

　　　　　//3：定点（2 字节）4：定点 W/增益码 为常数 3

short stacknum；//27～28 cmp 覆盖次数

short dataattri；//29～30 道分选码1：同记录（没有分选）2：cmp 道集

　　　　//3：单次覆盖剖面 4：水平叠加剖面

short verstack；//31～32 垂直叠加码：1：没有叠加；2 两次叠加；N：N 次

　　　叠加

char nouse6［22］；//33～54

short measument _ sig；//55、46　测量单位标记：1：米单位；2：英尺

char nouse7［4］；//57、58、59、60

int record _ num；//记录总道数 61、62、63、64

char nouse8［4］；//65、66、67、68

short domain；//69、70　数据范围 0：时间域数据　1：振幅　2：相位

char nouse9［330］；

}

240 个字节组成的道头具体参数如下：

{

int tracenum；//道数 1～4

int tracecd；//5～8 在本卷磁带中的道顺序号．从 1 开始

int traceyw；//9～12 原始野外记录号

int traceywn；//13～16 在原始野外记录中的道号

char nouse1［12］；// 17～28

short trace _ sig；//29 ～30 道识别代码1：地震数据；2：死道；3：dummy

//4：时断 5：井口时间 6：扫描道 7：记录 8：水断 9：选择使用

char nouse2［6］；//31 ～ 36

int offset；//道偏移距 37 ～40

char nouse3［28］；//41 ～ 68

short depth；//值为常数 1、69、70

char nouse4［34］；//71 ～104

short timedelay；//时间延迟 105、106

char nouse5［8］；//107 ～114

short samplenum；//采样点数/道 115、116

short sampleinter；//采样间隔 117、118

```
char nouse6 [122]；//
}
```

数据体采样点数的存储数据类型由文件头参数 code 确定。

参 考 文 献

彭苏萍，杨峰，苏红旗 . 2002. 高效采集地质雷达的研制与实现 . 地质与勘探，38（5）：63～65

杨峰 . 2004. 地质雷达系统及其关键技术的研究 . 北京：中国矿业大学（北京）博士论文

袁明德 . 2006. 公路地质雷达 10 年发展 . 公路交通科技（应用技术版），(04)：7～9

SIR System-3000 User's Manual，2006

第 5 章　地质雷达资料处理

本章主要介绍地质雷达的资料处理技术及方法。本章介绍的地质雷达资料处理以中国矿业大学（北京）自主开发的 GR 雷达处理分析软件为例，详细介绍了资料处理的原理、不同参数处理的对比结果等。

5.1　资料处理理论基础

地质雷达资料处理在理论上属于数字信号处理的范畴。数学领域中的微积分、概率统计、随机过程、高等代数、数值分析、复变函数等都是它的基本工具，网络理论、信号与系统等均是它的理论基础。在学科发展上，数字信号处理又和最优理论、通信理论、故障诊断紧紧相连，近年来又成为人工智能、模式识别、神经网络等新兴学科的理论基础之一，其算法的实现又和计算机学科及微电子技术密不可分。因此可以说，数字信号处理是把经典的理论体系（如数学、系统）作为自己的理论基础，同时又使自己成为一系列新兴学科的理论基础，自然也成为地质雷达资料处理的基础。

为什么地质雷达资料需要进行处理？

5.1.1　地质雷达资料的噪声

1. 噪声的来源

地质雷达噪声信号的形成有内部因素和外部因素。其中内部因素是由雷达采集系统本身引起的，是雷达使用者不可克服的；而外部因素是由外部环境与电磁波传播特性引起的。

内部因素如下：

（1）发射天线和接收天线直达波的干扰。尽管高频天线进行了屏蔽处理，但是仍然有一定的电磁波能量从发射天线直接耦合到接收天线上。

（2）发射脉冲信号与天线的阻抗匹配。发射脉冲信号通过 50Ω 电缆发送到天线上，蝶形天线的输入阻抗大小一般为 $100\sim300\Omega$，这样必须通过合适比例的匹配器进行匹配，否则会产生能量较大的驻波，这不仅降低了信号的发射能量，而且产生了新的干扰信号。

（3）天线发射信号与天线屏蔽罩之间的振荡干扰，也是产生天线水平噪声的原因之一。尽管可以根据天线主频大小来设计天线屏蔽罩，以减少干扰信号的能量，但是由于天线发射是宽频带信号，这种振荡是存在的。

（4）天线尾部馈点反射信号。馈点反射信号采用特殊材料可以进行一定程度的吸收，但是不能完全吸收。

（5）发射脉冲信号的次波峰。雷达脉冲发射最理想的脉冲信号是与天线匹配的单峰主瓣信号，但是，旁瓣信号常常伴随着主瓣信号而出现，从而产生干扰信号。

外部因素如下：

（1）与测线走向相同的电缆线、金属管线等固定干扰源。

（2）在探测过程中，汽车等机械装置的发动机与天线同向运动。

由于干扰信号的存在，常常给解释人员带来困难，甚至造成错误的解释。因此对地质雷达信号的处理是资料解释前非常重要和关键的步骤。

2. 地质雷达资料噪声的表象

地质雷达噪声信号的影响是多方面的，本书只是给出几种典型的噪声干扰现象。

第一种：道间水平干扰信号。道间水平干扰噪声是由天线直接耦合干扰和阻抗不匹配造成的驻波干扰造成。图 5.1 是铁路挡墙雷达探测剖面。由于受到道间水平干扰信号的影响，从剖面上很难解释挡墙的厚度的趋势变化。为了达到解释目的，必须把道间水平干扰信号进行滤波处理。

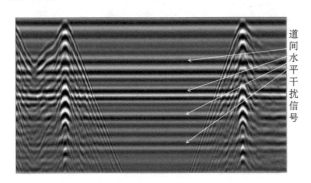

图 5.1　地质雷达道间水平干扰剖面

第二种：照明电缆干扰信号。在运营隧道进行地质雷达质量检测，常常会受到照明电缆干扰，图 5.2 是公路运营隧道的雷达检测剖面。从剖面上看，除了照明电缆的 X 形干扰信号外，很难发现隧道衬砌构造底部的雷达信号。为此必须进行必要的二维处

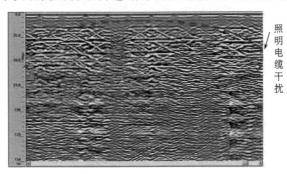

图 5.2　照明电缆干扰剖面

理，达到去除照明干扰信号的目的。

　　第三种：金属物体干扰。在隧道施工现场或城市地区勘探，常常受到各种金属物体的干扰。例如，汽车、钢拱架、钢筋堆积体、城市交通金属隔离带、施工台车等。这些干扰能量很强，使有效信号难以分辨，如果不进行现场勘察，甚至干扰信号容易被视为地层异常信号进行解释。图 5.3 是在隧道施工现场获得的地质雷达剖面。在剖面右下部位出现局部强信号，该信号是由检测现场金属台车造成的干扰，如果不进行处理，干扰信号会屏蔽所有有效信号。

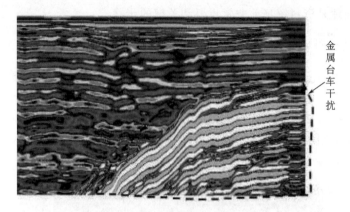

金属台车干扰

图 5.3　金属台车干扰剖面

　　第四种：天线与探测接触面耦合不稳定干扰。在隧道拱腰探测过程中，由于现场条件限制，探测天线不能紧贴探测面，而且由于隧道施工的不均匀，造成天线与探测面距离不稳定，时近时远，如图 5.4 所示。由于天线与接触面耦合效果很差，造成零点起伏变换，从而造成衬砌内部信号发生畸变，给资料解释带来难度。为此，必须将零点信号进行校正处理。

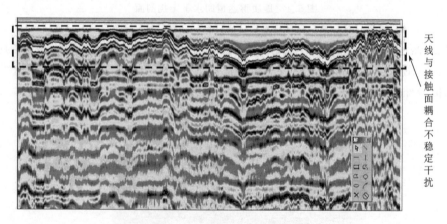

天线与接触面耦合不稳定干扰

图 5.4　天线耦合干扰剖面

5.1.2　连续信号的采样频谱

在第 2 章中讨论信号的分类，地质雷达采集系统就是将模拟连续信号转换为数字信号、以便计算机保存和处理的设备。但是在采样过程中，要关注以下问题：信号经采样后发生的变化（如频谱的变化）。

采样的频谱性质对离散信号和系统的分析十分重要，要了解这些性质，首先要分析采样过程。参见式(3.3)和式(3.4)，可以定义 $p(t) = \sum\limits_{n=-\infty}^{\infty} \delta(t - nT_s)$ 为采样脉冲的载波，则有

$$\hat{x}(t) = x(nT_s) = x(t)p(t) = x(t)\sum_{n=-\infty}^{\infty}\delta(t-nT_s) = \sum_{n=-\infty}^{\infty}x(nT_s)\delta(t-nT_s)$$

$$(5.1)$$

由此可以获得下面两对傅里叶变换：

$$\begin{cases} X(\mathrm{j}\omega) = F[x(t)] = \displaystyle\int_{-\infty}^{\infty}x(t)\mathrm{e}^{-\mathrm{j}\omega t}\,\mathrm{d}t \\ x(t) = F^{-1}[X(\mathrm{j}\omega)] = \dfrac{1}{2\pi}\displaystyle\int_{-\infty}^{\infty}X(\mathrm{j}\omega)\mathrm{e}^{\mathrm{j}\omega t}\,\mathrm{d}\omega \end{cases}$$

$$\begin{cases} \hat{X}(\mathrm{j}\omega) = F[\hat{x}(t)] = \displaystyle\int_{-\infty}^{\infty}\hat{x}(t)\mathrm{e}^{-\mathrm{j}\omega t}\,\mathrm{d}t \\ \hat{x}(t) = F^{-1}[\hat{X}(\mathrm{j}\omega)] = \dfrac{1}{2\pi}\displaystyle\int_{-\infty}^{\infty}\hat{X}(\mathrm{j}\omega)\mathrm{e}^{\mathrm{j}\omega t}\,\mathrm{d}\omega \end{cases}$$

现在，重点考虑离散化的谱值 $\hat{X}(\mathrm{j}\omega)$ 与原信号的谱值 $X(\mathrm{j}\omega)$ 是否相同。如果不同，则需要满足什么条件，才能使其相同。

利用傅里叶变换的相移性质和冲击函数傅里叶变换性质，可以得到

$$p(t) = \sum_{n=-\infty}^{\infty}\delta(t-nT_s) = \sum_{n=-\infty}^{\infty}a_n\mathrm{e}^{\mathrm{j}n\omega_s t} \tag{5.2}$$

式中，$\omega_s = \dfrac{2\pi}{T_s} = 2\pi f_s$；$a_n = \dfrac{1}{T_s}\displaystyle\int_{-\frac{T_s}{2}}^{\frac{T_s}{2}}p(t)\mathrm{e}^{-\mathrm{j}n\omega_s t}\,\mathrm{d}t = \dfrac{1}{T_s}$。

所以

$$p(t) = \sum_{n=-\infty}^{\infty}\delta(t-nT_s) = \sum_{n=-\infty}^{\infty}a_n\mathrm{e}^{\mathrm{j}n\omega_s t} = \frac{1}{T_s}\sum_{n=-\infty}^{\infty}\mathrm{e}^{\mathrm{j}n\omega_s t}$$

$$\hat{X}(\mathrm{j}\omega) = F[\hat{x}(t)] = F[x(t)p(t)]$$

$$= \int_{-\infty}^{\infty}x(t)p(t)\mathrm{e}^{-\mathrm{j}\omega t}\,\mathrm{d}t$$

$$= \frac{1}{T_s}\int_{-\infty}^{\infty}x(t)\sum_{n=-\infty}^{\infty}\mathrm{e}^{\mathrm{j}n\omega_s t}\mathrm{e}^{-\mathrm{j}\omega t}\,\mathrm{d}t$$

$$= \frac{1}{T_s}\sum_{n=-\infty}^{\infty}\int_{-\infty}^{\infty}x(t)\mathrm{e}^{\mathrm{j}(\omega-n\omega_s)t}\,\mathrm{d}t$$

因此有

$$\hat{X}(\mathrm{j}\omega) = \frac{1}{T_s} \sum_{n=-\infty}^{\infty} X(\mathrm{j}\omega - \mathrm{j}n\omega_s) \tag{5.3}$$

所以，采样信号的频谱是连续信号频谱的周期延拓，重复周期为 ω_s（采样频率）。

可见，如果信号 $x(t)$ 的最高频谱没有超过 $\omega_s/2$，那么在采样频谱中则不会产生"交叠"现象，如图 5.5 所示，否则将产生"交叠"现象，如图 5.6 所示。"交叠"现象造成基带频率的失真。

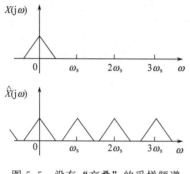

图 5.5　没有"交叠"的采样频谱

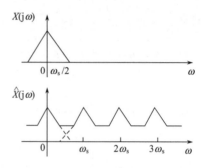

图 5.6　产生"交叠"的采样频谱

地质雷达采用有源发射电磁波，而接收信号频率是发射电磁波主频的 10 倍以上，这样就能保证接收信号在发射信号频段不会产生交叠现象。

如果采样频谱没有产生"交叠"现象，则采样点可以不失真地恢复原始信号，如何恢复，可以参考相关书籍中的采样定律。

5.1.3　离散信号的傅里叶变换（DFT）

傅里叶变换对不同信号有不同形式。例如，连续非周期信号、连续周期信号、离散非周期信号、离散周期信号等。

对于地质雷达而言，采集的信号全是离散数字序列 $x(n)$，离散信号（数字序列）的傅里叶变换（discrete-time Fourier transform，DTFT）定义为

$$X(\mathrm{e}^{\mathrm{j}\omega}) = \sum_{n=-\infty}^{\infty} x(n)\mathrm{e}^{-\mathrm{j}\omega n} \tag{5.4}$$

DTFT 的反变换（IDTFT）为

$$x(n) = \frac{1}{2\pi} \int_{-\pi}^{\pi} X(\mathrm{e}^{\mathrm{j}\omega}) \mathrm{e}^{\mathrm{j}\omega n} \, \mathrm{d}\omega \tag{5.5}$$

式(5.4)和式(5.5)并不能满足地质雷达数字分析的实际需要。因为在计算机上进行实际信号的频谱分析及处理工作时，对信号的要求是，在时域和频域都是离散的，且都有限长。

假如地质雷达时间采样间隔为 T_s，采样点数为 N，那么采样时间窗为 NT_s，令 $\omega_0 = 2\pi/NT_s$。我们可以得到如下离散信号傅里叶变换对：

$$\begin{cases} X(k\omega_0) = \sum_{n=0}^{N-1} x(nT_s)\mathrm{e}^{-\mathrm{j}k\frac{2\pi}{NT_s}nT_s}, & k = 0,1,\cdots,N-1 \\ x(nT_s) = \sum_{k=0}^{N-1} X(k\omega_0)\mathrm{e}^{\mathrm{j}k\frac{2\pi}{NT_s}nT_s}, & n = 0,1,\cdots,N-1 \end{cases} \tag{5.6}$$

如果把 T_s 和 ω_0 进行归一化，同时令 $W_N = \mathrm{e}^{-\mathrm{j}\frac{2\pi}{N}}$，重写式(5.6)，可得

$$\begin{cases} X(k) = \sum_{n=0}^{N-1} x(n)\mathrm{e}^{-\mathrm{j}k\frac{2\pi}{N}n} = \sum_{n=0}^{N-1} x(n)W_N^{kn}, & k = 0,1,\cdots,N-1 \\ x(n) = \sum_{k=0}^{N-1} X(k)\mathrm{e}^{\mathrm{j}k\frac{2\pi}{N}n} = \sum_{k=0}^{N-1} X(k)W_N^{-kn}, & n = 0,1,\cdots,N-1 \end{cases} \tag{5.7}$$

利用 FFT 算法和 IFFT 算法可以快速求解式(5.7)表达式的值。

5.1.4　相关分析

在数字信号处理中经常用到两个信号的相似性，或者一个信号经过一定延迟后的相似性，这在信号的识别、检测和提取领域得到广泛应用。这里讨论确定信号相似性的基本原理，因为地质雷达是有源发射的确定性电磁波信号。至于随机信号的相似性分析，读者可以参考其他书籍，这里不进行论述。

设 $x(n)$、$y(n)$ 是两个能量有限的确定性信号，并假定它们是因果的（地质雷达发射电磁波信号满足能量有限条件和因果性条件），定义

$$\rho_{xy} = \frac{\sum\limits_{n=0}^{N-1} x(n)y(n)}{\left(\sum\limits_{n=0}^{N-1} x^2(n) \sum\limits_{n=0}^{N-1} y^2(n) \right)^{\frac{1}{2}}} \tag{5.8}$$

为 $x(n)$ 和 $y(n)$ 的相关系数。式中分母等于 $x(n)$、$y(n)$ 各自能量乘积的开方，即 $\sqrt{E_x E_y}$，它是一个常数，因此 ρ_{xy} 的大小由分子

$$r_{xy} = \sum_{n=0}^{N-1} x(n)y(n)$$

来决定，因此 r_{xy} 也称为 $x(n)$ 和 $y(n)$ 的相关系数。由施瓦兹（Schwartz）不等式，有

$$|\rho_{xy}| \leqslant 1$$

分析式(5.8)可知，当 $x(n)=y(n)$ 时，$\rho_{xy}=1$，两个信号完全相关（相等），这时 r_{xy} 取得最大值；当 $x(n)$ 和 $y(n)$ 完全无关时，$r_{xy}=0$、$\rho_{xy}=0$；当 $x(n)$ 和 $y(n)$ 有某种程度的相似时，$r_{xy}\neq0$，$|\rho_{xy}|$ 在 0 和 1 之间取值。因此，可以用 r_{xy} 和 ρ_{xy} 来描述 $x(n)$ 和 $y(n)$ 之间的相似程度，ρ_{xy} 又称为归一化的相关系数。

r_{xy} 和 ρ_{xy} 描述两个固定波形 $x(n)$ 和 $y(n)$ 的相似程度。但在实际工作中，常常需要知道两个波形经过一段时移以后的相似程度。因此相似系数具有局限性，需要引进相关函数的概念。

定义

$$r_{xy}(m) = \sum_{n=-\infty}^{+\infty} x(n)y(n+m) \qquad (5.9)$$

为信号 $x(n)$ 和 $y(n)$ 之间的互相关函数。该式表示，$r_{xy}(m)$ 在时刻 m 时的值，等于将 $x(n)$ 保持不动而 $y(n)$ 左移 m 个抽样周期后两个队列的相似系数。通过求取最大值 $r_{xy}(m)$，获取的 m 值就是通过该值时移后的两个波形信号的最佳相似程度。这在信号识别具有重要应用价值。

5.2　一维数字滤波处理

对地质雷达信号而言，一维数字滤波（以后称为一维滤波）处理具有如下意义：

（1）地质雷达信号存在不同频率干扰，对干扰信号需要进行去除处理。

（2）采集系统存在低频漂移，需要压制。

因此，利用一维滤波处理可以压制干扰信号，提高剖面的信噪比；也可以提取地下介质的响应特征信号等。一维滤波处理在雷达资料处理具有重要地位。一维滤波处理可以分为两种形式：FIR 滤波和 IIR 滤波。滤波器可以视为一种系统，首先简单介绍滤波器系统应满足的条件。

5.2.1　滤波系统

定义　数字滤波系统是将输入序列 $x(n)$ 映射成输出序列 $y(n)$ 的唯一性变换或运算。它的输入是一个序列，输出也是一个序列，其本质是将输入序列转变成输出序列的一个运算，即

$$y(n) = Tx(n) \qquad (5.10)$$

式中，T 为一维滤波系统。在实际应用过程中，一维滤波系统具有线性、时移不变性、稳定性和因果性。

　1. 线性系统（满足迭加原理的系统）

对于任意两个输入信号 $x_1(n)$、$x_2(n)$ 和两个常数 a、$b \in \mathbf{R}$，满足

$$T[ax_1(n) + bx_2(n)] = aT[x_1(n)] + bT[x_2(n)] = ay_1(n) + by_2(n) \qquad (5.11)$$

的滤波系统 T 被称为一维滤波线性系统。

　2. 时移不变系统

对于任意输入信号 $x(n)$，任意常数 m，滤波系统 T 满足

$$T[x(n)] = y(n)，则 T[x(n-m)] = y(n-m)$$

即系统的特性不随时间而变化，这样的滤波系统 T 称为时移不变系统。线性和时移不变两个约束条件定义了一类可用卷积表示的系统。

线性时移不变系统可以用单位脉冲响应来表示其响应特性。令 $h(n)$ 为一维滤波系

统对单位脉冲序列的响应，即 $h(n) = T[\delta(n)]$，那么一维滤波系统的输入输出满足以下卷积运算：

$$y(n) = T[x(n)] = x(n) * h(n) = \sum_{k=-\infty}^{+\infty} x(k)h(n-k) \qquad (5.12)$$

对式(5.12)两边取 Z 变换，可以得到 $\boldsymbol{Y}(z) = \boldsymbol{H}(z)\boldsymbol{X}(z)$，则

$$\boldsymbol{H}(z) = \frac{\boldsymbol{Y}(z)}{\boldsymbol{X}(z)}$$

在 Z 平面上，单位圆上的系统函数就是系统的频率响应

$$H(\mathrm{e}^{\mathrm{j}\omega}) = \frac{Y(\mathrm{e}^{\mathrm{j}\omega})}{X(\mathrm{e}^{\mathrm{j}\omega})} \qquad (z = \mathrm{e}^{\mathrm{j}\omega}) \qquad (5.13)$$

可以证明，它是单位脉冲响应 $h(n)$ 的 DTFT。

3. 稳定性和因果性系统

稳定性和因果性也是对一维滤波系统很重要的限制。

稳定系统：对于每一个有界输入产生一个有界输出的系统为稳定系统。设 $h(n)$ 是一维滤波系统 T 的单位脉冲序列的响应，当且仅当 $S = \sum_{k=-\infty}^{+\infty} h(k) < \infty$ 时（充分必要条件），线性时移不变一维滤波系统才是稳定的系统。

因果系统：系统的输出 $y(n)$ 只取决于当前以及过去的输入，即 $x(n)$，$x(n-1)$，$x(n-2)$，…

非因果系统：系统的输出 $y(n)$ 取决于 $x(n)$，$x(n+1)$，$x(n+2)$，…，即系统的输出取决于未来的输入，则是非因果系统，即不现实的系统（不可实现）。

系统满足因果性的充分必要条件是 $h(n) \equiv 0$，$n < 0$。

稳定的因果系统：既满足稳定性又满足因果性的系统。这种系统的单位脉冲响应既是单边的，又是绝对可积的，即

$$\begin{cases} h(n) = \begin{cases} h(n), & n \geqslant 0 \\ 0, & n < 0 \end{cases} \\ \sum_{n=-\infty}^{\infty} |h(n)| < \infty \end{cases}$$

这种稳定因果系统既是可实现的又是稳定工作的，这种系统是地质雷达一维滤波最主要的系统。

4. FIR 系统和 IIR 系统

如果单位脉冲响应是一个有限长序列，这种系统称为"有限长单位脉冲响应系统"，简写为 FIR 系统。相应地，当单位脉冲响应长度无限时，则称为"无限长单位脉冲响应系统"，简写为 IIR 系统。

一维滤波系统函数一般可写为下面 z 变换（$b_0 = 1$）：

$$H(z) = \frac{\sum_{i=0}^{M} a_i z^{-i}}{1 + \sum_{i=1}^{N} b_i z^{-i}} \tag{5.14}$$

有限长度序列的 z 变换在整个有限 z 平面（$|z|>0$）上收敛，因此对于 FIR 系统，$H(z)$ 在有限 z 平面上不能有极点。如分子、分母无公共可约因子，则 $H(z)$ 分母中全部系数 $b_i (i=1, 2, \cdots, N)$ 必须为零，故

$$H(z) = \sum_{i=0}^{M} a_i z^{-i} \tag{5.15}$$

只要 b_i 中有一个系数不为零，在有限 z 平面上就会有极点，这就属于 IIR 系统。

b_i 不为零就说明需要将延时的输出序列 $y(n-i)$ 反馈回来，所以，IIR 系统的结构中都带有反馈回路。这种带有反馈回路的结构称为"递归型"结构，IIR 系统只能采用"递归型"结构，而 FIR 系统一般采用非"递归型"结构。但是，采用极、零点抵消的方法，FIR 系统也可采用"递归型"结构。

IIR 系统、FIR 系统构成数字滤波器的两大类。

5. 一维数字滤波系统的形式

在地质雷达应用中，可以根据不同目的，选用不同形式的滤波器，目前常用的滤波器形式有以下五种：低通滤波器、带通滤波器、高通滤波器、带陷滤波器和全通滤波器，如图 5.7 所示。

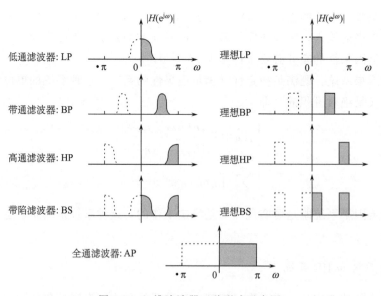

图 5.7　一维滤波器五种形式示意图

5.2.2　FIR 滤波系统

1. FIR 数字滤波器线性相位和幅度特性

线性相位意味着一个系统的相频特性是频率的线性函数，即

$$\phi(\omega) = -\alpha\omega \tag{5.16}$$

式中，α 为常数，此时通过这一系统的各频率分量的时延为一相同的常数，系统的群时延为 $\tau = -\dfrac{\mathrm{d}\phi(\omega)}{\mathrm{d}\omega} = \alpha$。

FIR 滤波器的 DTFT 为

$$H(\mathrm{e}^{\mathrm{j}\omega}) = H(\omega)\mathrm{e}^{-\mathrm{j}\omega a} = \sum_{n=0}^{N-1} h(n)\mathrm{e}^{-\mathrm{j}\omega n} \tag{5.17}$$

式中，$H(\omega)$ 是正或负的实函数。等式中间和等式右边的实部与虚部应当各自相等，同样实部与虚部的比值应当相等

$$\frac{\sin(\alpha\omega)}{\cos(\alpha\omega)} = \frac{\displaystyle\sum_{n=0}^{N-1} h(n)\sin(\omega n)}{\displaystyle\sum_{n=0}^{N-1} h(n)\cos(\omega n)} \tag{5.18}$$

将式(5.18)两边交叉相乘，再将等式右边各项移到左边，应用三角函数的恒等关系

$$\sum_{n=0}^{N-1} h(n)\sin[(\alpha-n)\omega] = 0$$

满足上式的条件是

$$\begin{cases} \alpha = \dfrac{N-1}{2} \\ h(n) = h(N-1-n), \quad 0 \leqslant n \leqslant N-1 \end{cases} \tag{5.19}$$

另外，除了上述的线性相位外，还有一附加的相位，即 $\phi(\omega) = \beta - \alpha\omega$。利用类似的关系，可以得出新的条件为

$$\begin{cases} \alpha = \dfrac{N-1}{2} \\ \beta = \pm\dfrac{\pi}{2} \\ h(n) = -h(N-1-n) \end{cases} \tag{5.20}$$

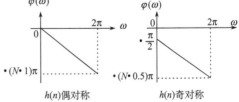

图 5.8　FIR 滤波器线性相位示意图

综合式(5.19)和式(5.20)可以知道：在没有附加相位条件下，FIR 滤波器的脉冲相应（即滤波因子）$h(n)$ 是偶对称；在附加相位条件下呈奇对称。图 5.8 是 FIR 滤波器线性相位示意图。

线性相位 FIR 滤波器的幅度特性可以分为以下四种情况：①$h(n)$ 是偶数，没有附加相位；②$h(n)$ 是奇数，没有附加相位；③$h(n)$ 是偶数，有附加相位；④$h(n)$ 是奇数，

有附加相位。这四种情况对应的滤波因子如图 5.9 所示。

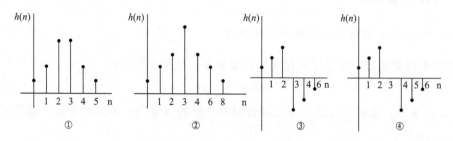

图 5.9　FIR 滤波器线性相位滤波因子特性示意图

利用以上性质，可以求得上述四种情况对应的线性相位 FIR 滤波器的幅度 $H(\omega)$ 特性，如图 5.10 所示。

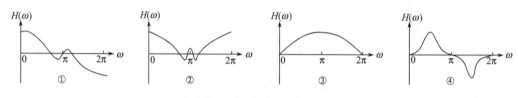

图 5.10　FIR 滤波器线性相位幅度特性示意图

通过图 5.10 的幅度特性，我们可以得出这四种情况下，设计如图 5.7 所示不同滤波器形式的应用范围：

① $h(n)$ 是偶数，没有附加相位。可设计低通滤波器、带通滤波器，不能设计高通滤波器和带阻滤波器。

② $h(n)$ 是奇数，没有附加相位。四种滤波器都可设计。

③ $h(n)$ 是偶数，有附加相位。可设计高通滤波器、带通滤波器，不能设计低通滤波器和带阻滤波器。

④ $h(n)$ 是奇数，有附加相位。只能设计带通滤波器，其他滤波器都不能设计。

通过以上相位和幅度特性分析，可以得出如下结论：四种 FIR 数字滤波器的相位特性只取决于 $h(n)$ 的对称性，而与 $h(n)$ 的值无关；幅度特性取决于 $h(n)$。

以上内容是我们在设计一位滤波器需要特别注意的问题。

2.FIR 数字滤波器的具体应用分析

FIR 数字滤波主要根据有效信号的频带来设置滤波器。这里先给出原始信号剖面以及低通、高通和带通三种滤波效果剖面对比结果，如图 5.11 所示，每个剖面给出相同道（第 80 道）信号的振幅谱结果。

在图 5.11（a）中的原始剖面中，存在两处明显异常，这两处异常信号表现出不同频率，分别用圆和椭圆圈定出来。从原始剖面也可以看出振幅谱主要由四个峰组成，即 0MHz、64MHz、192MHz 和 332MHz。频率成分丰富，汇集了天线接收综合信号。图

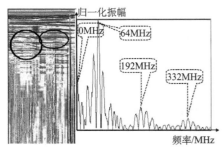
(a) 原始数据剖面及第80道对应振幅谱

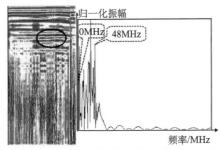
(b) 50MHz低通滤波数据剖面及第80道对应振幅谱

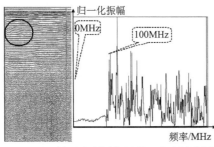
(c) 100MHz高通滤波数据剖面及第80道对应振幅谱

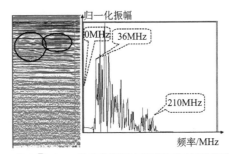
(d) 35~210MHz带通滤波数据剖面及第80道对应振幅谱

图 5.11　原始信号剖面及 FIR 不同滤波器滤波效果剖面对比结果示意图

5.11（b）是 50MHz 低通滤波剖面，椭圆圈定异常信号得到加强，而圆圈定信号消失，这表明椭圆圈定异常信号能量在 50MHz 以下为主要频率，而圆圈定异常信号全部出现在 50MHz 以上。相反，图 5.11（c）是 100MHz 高通滤波剖面，椭圆信号消失而圆信号存在。图 5.11（d）是 35～210MHz 带通滤波剖面，原始剖面中的两个信号都得到保留，同时得到加强，该剖面去除了低频和高频干扰，把两个异常信号能量保留，因而，这两个异常信号信噪比在剖面上得到提高。

　　从上面分析，可以知道，在地质雷达进行数字处理时，应该根据所要提取信号所在的频率范围进行设置滤波器及其相应参数，否则会得到相反结果。下面重点介绍几个实际应用例子。

　　例 1　高速公路层位解释

　　如果采用 1.6GHz 天线进行高速公路分层探测。假设沥青层速度为 0.113m/ns，在高速公路中设计采用 5cm、6cm 和 7cm 进行路面沥青油层铺设。从理论上讲，如果厚度大于波长的 $\frac{1}{4}$，即可以进行厚度分析。1.6GHz 主频、沥青层的速度 0.113m/ns、厚度是 $\frac{1}{4}$，波长为 4.5cm，小于沥青油层厚度，具备可行性分层的要求。图 5.12 是 1.6GHz 天线实测的高速公路地质雷达剖面。

　　从图 5.12 原始剖面只能初步分为两层，即视层位 1 和视层位 2，如何通过资料处理来提高分辨率问题。在视层位 1 中包含天线的耦合信号、地面反射信号、5cm 层位和 6cm 层位间反射信号、6cm 层位和 7cm 层位间反射信号等信号的叠加，因此如果想从

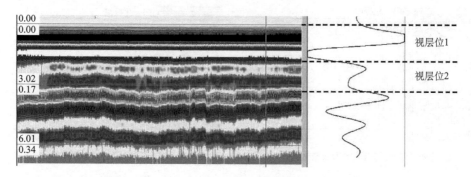

图 5.12　高速公路探测原始剖面

原始剖面中分清 5cm 层位和 6cm 层位反射信号是不可能的。而从理论上讲，又满足要求。为此必须对原始剖面进行必要的滤波处理。地质雷达采用宽频带信号，尽管主频位于 1.6GHz，而实际最高频带远远大于 1.6GHz，因此可以采用高通滤波器，保留高频信号，去除低频信号。图 5.13 是通频点为 1GHz 的高通滤波剖面。

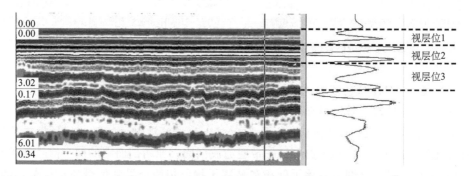

图 5.13　高速公路探测 1000MHz 高通滤波剖面

从图 5.13 上，可以明显看出层位信息更加丰富。从处理结果可以初步分为三个视层位，这三个视层位分别对应 5cm 层位、6cm 层位和 7cm 层位间反射信息。在实际应用过程中必须和钻探结合，才能进行较精确定位。但是，通过高通滤波，的确实现多层位信息的分离，为层位精细分层提供可能。

提出下面疑问：如果在进行高通滤波处理时，把通频点放在 2GHz，那么层位不是更清晰吗？请参考图 5.14，该图就是利用 2GHz 作为通频点的高通滤波处理效果图。

从图 5.14 我们不能分出任何层位信息，连沥青层与基础层之间的反射标志层信息都不存在。有的读者可能还会提出如下置疑：在图右侧波形不是有层位信息吗？其实波形图仅仅是干扰信号的振荡，有效信号已经不存在了。有的读者可能还会置疑：这些振荡信号从哪里来的？是由于天线阻抗不匹配的驻波信号和耦合信号的混杂。读者可能还会提问：为什么通频点选在 2GHz，有效信号反而不见了？2GHz 以上信号已经超出天线发射和接收有效信号的范围；因此，我们在任何资料处理时候，千万不能完全避开天线发射和接收有效信号的范围，否则处理出来的信号全是干扰。

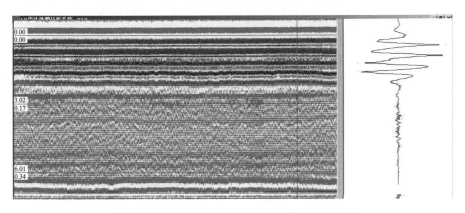

图 5.14　高速公路探测 2000MHz 高通滤波剖面

例 2　衬砌厚度检测

地质雷达检测技术在公路、铁路隧道的衬砌厚度检测得到广泛应用。图 5.15 是采用 200MHz 天线衬砌检测的雷达原始记录剖面，而图 5.16 是带通滤波结果剖面。

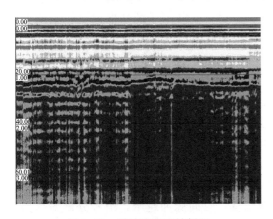

图 5.15　隧道检测原始剖面

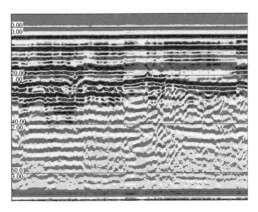

图 5.16　隧道检测带通滤波剖面

如果从原始剖面上来确定衬砌厚度，存在较大误差。其主要原因是由于低频成分信号存在较强的干扰，低频成分来源主要由采集系统漂移造成的。为此采用带通滤波进行处理，滤波器的频响范围为 120～500MHz。滤波处理结果表明，剖面的信噪比得到明显提高，衬砌厚度信号明显，为资料解释提供了依据。

如何选取滤波器的参数才能获得良好的滤波效果呢？

3. 数字滤波参数选取

从上面讨论我们知道，滤波器可以用脉冲响应和频率响应来描述，脉冲响应在滤波器也被称为滤波因子。如果对某个信号进行滤波处理，首先要选定滤波器类型，即低通滤波器、高通滤波器、带通滤波器、带陷滤波器等；而后选定滤波参数，滤波参数选取与滤波效果有直接影响。由于在实际应用过程中，采用带通滤波较多，这里就以带通滤

波为例介绍滤波参数的选取问题，仍然选取图 5.15 作为原始数据。图 5.17 是图 5.16
剖面处理结果的滤波参数。

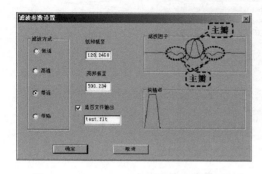

图 5.17　120～500MHz 带通滤波参数图

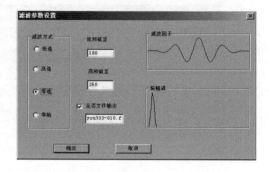

图 5.18　180～260MHz 带通滤波参数

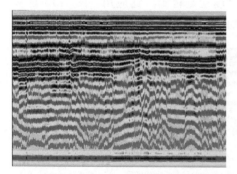

图 5.19　180～260MHz 带通滤波剖面

图 5.17 显示不同滤波参数可以得到相应的滤波因子和频响的振幅谱。滤波因子又由主瓣和傍瓣组成，滤波运算就是地质雷达数据和滤波因子的卷积运算，如式(5.12)。因此滤波因子至关重要。滤波因子的选取原则：主瓣大、傍瓣小。依据此原则就是主瓣和傍瓣能量比越大越好。如果违背上述原则会出现什么样的结果呢？图 5.18 是一组新的滤波参数，主瓣和傍瓣能量相差较小。图 5.19 是新滤波参数的处理剖面。对比图 5.16 和图 5.19 的处理结果，具有如下区别：①图 5.16 剖面信号的分辨率较高；②图5.19 剖面出现主信号尾部振荡。

有的读者会问，为什么会产生这样的差别？因为在信号处理中，傍瓣越大产生泄漏越大，信号失真越大。也可以这样理解，频带越宽，时间脉冲越窄，信号分辨率越高。有关具体概念可以参考数字信号处理相关书籍。

4. 数字滤波器设计

FIR 滤波器的设计可以采用以下三种方法：①窗口法；②频率采样法；③最优化设计（等波纹逼近）法。目前最常用的是采用窗口法来设计 FIR 滤波器，本书不讨论具体实现方式，读者可以参考相关书籍。

5.2.3　IIR 滤波系统

IIR 滤波系统同样要满足线性、时移不变性、能量有限和因果性原则。IIR 滤波系统属于递归滤波器，本节主要介绍该滤波器的设计思路和简单应用。

1. IIR 数字滤波器设计

IIR 滤波器有以下两种设计方法：①模拟滤波器转换为数字滤波器；②最优化设计

方法。

以上两种设计方法中，常常采用第一种设计方式来实现，因为数字滤波器在很多场合所要完成的任务与模拟滤波器相同，如作低通、高通、带通及带阻网络等，这时数字滤波也可看成是"模仿"模拟滤波器。在 IIR 滤波器设计中，采用这种设计方法目前最普遍。

常用的模拟低通滤波器有巴特沃思（Butterworth）滤波器和切比雪夫（Chebyshev）滤波器。任何形式的滤波器都可以通过低通滤波器进行转换实现。关于这两种滤波器的特点和如何实现数字滤波，读者可以参考相关书籍。

2. IIR 数字滤波器应用

IIR 滤波器需要给出截频点、通频点、截频点衰减和通频点衰减等参数，其参数选取原则参考 FIR 滤波器。图 5.20 是 IIR 滤波器的参数选取以及滤波因子和振幅谱特性。图 5.21 是针对图 5.15 进行 IIR 滤波的滤波效果。

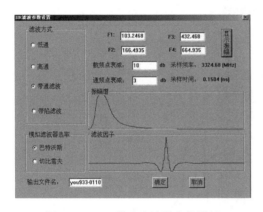

图 5.20　IIR 带通滤波器参数设置

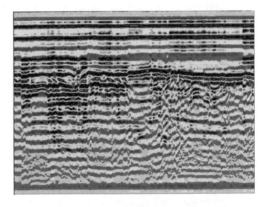

图 5.21　IIR 带通滤波剖面

图 5.20 采用巴特沃思滤波器，截频点衰减为 10dB，通频点衰减为 3dB。从滤波效果看，FIR 滤波和 IIR 滤波没有很明显差别，主要是因为地质雷达采用宽频带信号，所以信号过渡带对信号影响较小。

5.3　频谱补偿处理

频谱补偿处理也称为谱值平衡处理。地质雷达发射宽频带信号，雷达信号在地层传播过程中，不同频率信号由于吸收系数的不同，其能量损耗不同，尤其是在深层传播的信号。为了弥补这些损失的频谱信号，通过人为方式把这些频谱信号补偿进去，通过信号补偿，也可以拓宽信号的频谱，频带越宽，时间脉冲越窄，从而时间剖面的分辨率越高，所以频谱补偿可以提高地质雷达剖面的分辨率，提高了资料解释的精度。

由于补偿信号是人为增加的信号，因此在补偿过程中也容易出现边缘干扰和假频干扰。

　　频率补偿处理需要提供两个参数：频率补偿起始频率和终止频率。频率补偿一定要在发射信号频率区域内进行补偿，补偿频率选取不当会增加干扰信号。图 5.22 是 400MHz 天线采集的原始剖面以及第 100 道信号振幅谱。从振幅谱可以知道，信号的频带范围为 159～587MHz，能量主要集中在低频。为了较好恢复原来损失的高频成分，对如下频率成分进行补偿：250～650MHz，这样拓宽原有信号的频带宽度，其处理结果以及相应振幅谱如图 5.23 所示。

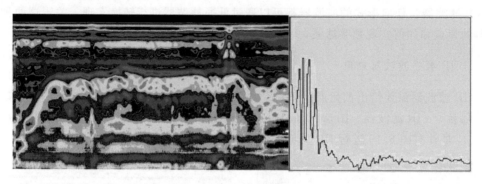

图 5.22　400MHz 天线采集的原始剖面以及第 100 道信号振幅谱

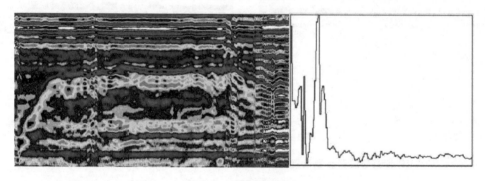

图 5.23　频率补偿剖面

　　从处理结果的振幅谱看，不仅保留了原来低频主要成分而且拓宽了信号的高频成分，从而信号的频带得到拓宽。频率补偿仅仅拓宽了信号的频带范围、提高剖面分辨

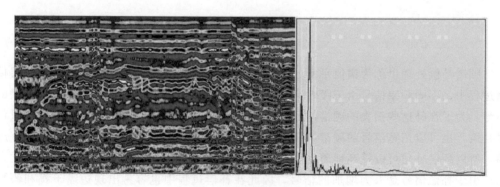

图 5.24　带通滤波剖面

率，但低频干扰没有消失。如果在频率补偿的基础上再对信号进行带通滤波处理，去除低频干扰。这里选取带通滤波的参数为 150～650MHz 对图 5.23 进行滤波处理，处理结果如图 5.24 所示。

图 5.24 是去除低频干扰的信号，有效信号的信噪比得到明显提高，剖面质量得到改善。

5.4　二维滤波处理

在地质雷达探测中，当有效波和干扰波的频谱成分接近，此时无法用一维频率滤波来压制干扰，如果有效波和干扰波在视速度差异，则可进行视速度滤波。这种滤波是一种空间域的滤波，电磁波波动是时间和空间的函数，可用振动图形来描述，也可用波剖面来描述。

首先给出波数概念，波数就是单位距离内简谐波的个数，用 k_x 来表示。

1. 视速度基本概念

电磁波在空间介质内是沿射线方向以真速度 V 传播的，但地质雷达在实际勘探过程中，因测线的方向与波的射线方向常常不同，沿测线"传播"的速度也就不同于真速度，称为视速度 V^*。如图 5.25 所示，电磁波从 A 点传播到 B 点，水平距离为 X。图中给出两种路径波的传播过程，即直达波和地下物体反射波，它们旅行时间分别为 t_1 和 t_2。

直达波的视速度：$v_1 = X/t_1$，反射波的视速度：$v_2 = X/t_2$，很明显直达波视速度大于反射波视速度。

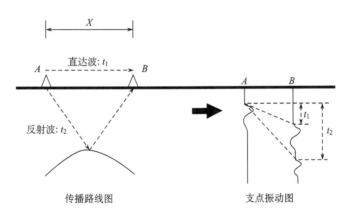

图 5.25　电磁波旅程示意图

2. 二维滤波基本依据

从图 5.25 右侧给出的 A、B 质点振动波形示意图可以得到如下结论：

视速度小，道间时差小；视速度大，道间时差大。道间时差小，质点在剖面上表现为道间信号纵向变换小，即道间"水平"信号能量强。

从以上分析可知，相同频谱信号的波，由于传播路径不同，在剖面上其波组形式不同。地质雷达采用等距的自发自收连续探测，其剖面上道间"水平"信号具有较高的视速度。因此，可以利用视速度不同，达到道间"水平"或"倾斜"信号滤波的目的。

路径对一定类型的波和一种特定的介质，其速度 V 是常数（如果不考虑电磁波色散性质）；因此，频率 f 不同的简谐波，其相应的简谐波剖面的波数 k_x 也是不同的。一个雷达波振动图形是由许多不同频率成分的简谐波组成，而任何一个波剖面可以用无数个波数不同的简谐波剖面之和来表示。一个雷达脉冲波经频率滤波后，组成这个脉冲波的简谐波成分发生了变化，如某些频率的简谐波信号被滤掉了，因而整个波剖面的形状要发生变化，即进行频率滤波会改变波剖面的形状。另外，波数滤波也会改变振动图的形状，产生频率畸变。因此，单独的频率滤波和单独的波数滤波都存在不足之处，只有根据二者的内在联系，组成频率-波数域的二维滤波，才能做到在所希望的频率范围内，视速度为某一范围的有效波得到加强；同时对这个频带内其余视速度的干扰波得到压制。视速度、频率和波数具有如下内在关系：

$$k_x = \frac{f}{V^*} \tag{5.21}$$

可见，波数 k_x 的变化既包含了频率 f，又包含了视速度 V^* 的变化。

3. 二维滤波实现方式

可以采用以下两种方式达到二维滤波目的：
（1）时间域利用滤波因子进行二维卷积运算；
（2）频率域利用二维谱信号的正逆变换实现。

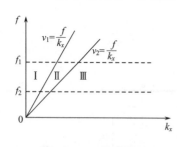

图 5.26　二维谱平面

前面说过滤波其实就是卷积运算。在时间域内进行二维滤波，也就是二维卷积运算。对于二维的波动函数 $h(t,x)$，可以用二维傅里叶变换，求出其相应的频率-波数二维谱 $H(\omega,k_x)$。一维滤波应用有效波和干扰波的频波成分是不同，而二维滤波利用频率和视速度不同来实现滤波功能，这可以在 $f\text{-}k_x$ 平面上表示出来，如图5.26所示。通过原点的几条直线的斜率就是视速度，I 区是高速干扰区，II 区是有效信号区，III 是低速干扰区，$f_1 \sim f_2$ 表示有效信号的频率范围。图中有效信号和干扰信号在频率和视速度上可以清楚地区分开来。因此，利用频率-波数域滤波可以压制不同频率、波数的干扰信号。

二维谱正、逆变换为

$$G(w,k_x) = \frac{1}{2\pi} \int_{-\infty}^{\infty} g(t,x) \mathrm{e}^{-\mathrm{j}(\omega t - k_x x)} \mathrm{d}t \mathrm{d}x \tag{5.22}$$

$$g(t,x) = \frac{1}{2\pi} \int_{-\infty}^{\infty} G(w,k_x) \mathrm{e}^{\mathrm{j}(\omega t - k_x x)} \mathrm{d}\omega \mathrm{d}k_x \tag{5.23}$$

4. 时间域二维滤波计算

二维滤波器的性质由时间-空间特性 $h(t, x)$ 或频率-波数特性 $H(\omega, k_x)$ 所确定。因此通过设计不同的频率-波数特性，就可以获得不同形式的二维滤波器，通过式 (5.23) 就可以获得二维时间-空间特性 $h(t, x)$。

1) 二维滤波器的形式

这里给出常用的四种二维滤波器，如图 5.27 所示。

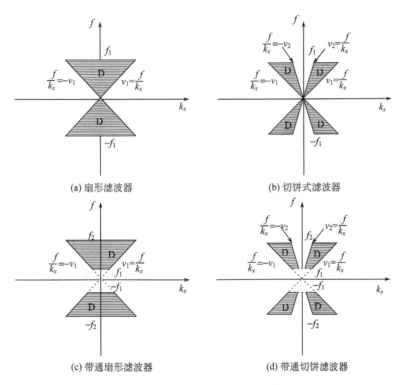

图 5.27　四种常用二维滤波器

其中包含 D 的阴影区域是信号的通过带。下面是对这四种滤波器简单描述：

（a）扇形滤波器：视速度的绝对值大于 v_1，且频率小于 f_1 的信号可以通过滤波器，其他信号均被压制。

（b）切饼式滤波器：视速度的绝对值大于 v_1 且小于 v_2，且频率小于 f_1 的信号可以通过滤波器，其他信号均被压制。

（c）带通扇形滤波器：视速度的绝对值大于 v_1，且频率小于 f_2 和大于 f_1 的信号通过滤波器，其他信号均被压制。

（d）带通切饼滤波器：视速度的绝对值大于 v_1 和小于 v_2，且频率小于 f_2 和大于 f_1 的信号可以通过滤波器，其他信号均被压制。

2）二维滤波器的运算

在时间-空间域中，二维滤波由输入信号 $g(t,x)$ 与滤波算子 $h(t,x)$ 的二维卷积运算实现，在频率-波数域中，由输入信号与滤波器的频率-波数特性 $H(\omega,k_x)$ 的乘积来完成，如下：

$$y(t,x) = g(t,x) * h(t,x) \tag{5.24}$$

$$Y(\omega,k_x) = G(\omega,k_x)H(\omega,k_x) \tag{5.25}$$

由于观测的离散性和排列长度的有限性，必须用有限个（N）记录道的求和代替空间坐标的积分，如下：

$$y_m(t) = \sum_{n=0}^{N-1}\int_{-\infty}^{\infty} g_n(\tau)h_{m-n}(t-\tau)\mathrm{d}\tau = \sum_{n=0}^{N-1} g_n(t) * h_{m-n}(t) \tag{5.26}$$

式中，n 为原始道号；m 为结果道号。

显然，二维卷积可归结为对一维卷积的再求和，即在测线上任一点处，二维滤波的结果可由 N 个地质雷达数据道通过一维滤波结果相加得到。

3）时间域二维滤波器的应用

这里给出一个例子来分析如何利用前面介绍的二维滤波器进行不同频率和视速度信号的压制，如图 5.28 所示。

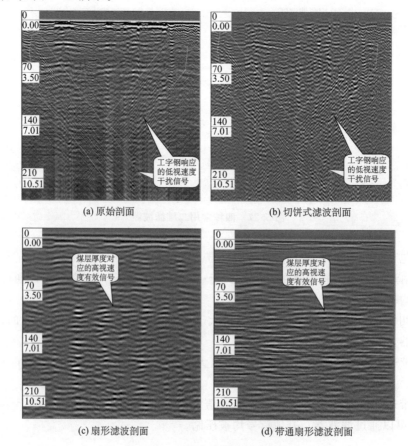

图 5.28　二维滤波器的剖面比较

图 5.28（a）是原始剖面，该剖面时间窗为 240ns，利用 180MHz 天线在煤矿井下进行顶板煤层厚度的原始记录剖面；图 5.28（b）是对原始剖面进行切饼式滤波（滤波器如图 5.27（b）所示）结果，滤波参数为 $f_1 = 300\text{MHz}$、$v_1 = 0$、$v_2 = 80$，通过本次切饼式滤波，压制道间水平信号，增强视速度小的倾斜信号；图 5.28（c）是对原始剖面进行扇形滤波（滤波器如图 5.27（a）所示）结果，滤波参数为 $f_1 = 300\text{MHz}$，$v_1 = 80$，通过本次扇形滤波，压制视速度小的倾斜信号，从而增强道间水平信号能量；图 5.28（d）是对原始剖面进行带通扇形滤波（滤波器如图 5.27（c）所示）结果，滤波参数为 $f_1 = 100\text{MHz}$，$f_2 = 300\text{MHz}$，$v_1 = 80$，通过本次带通扇形滤波，信号频率明显高于图 5.28（c）的结果。通过扇形滤波，压制了视速度低的工字钢干扰信号，突出了煤层底部的反射信号。

通过对上面二维滤波结果分析，可以得出如下结论：

（1）二维滤波可以压制与有效波存在视速度差异或存在频谱差异的干扰波；

（2）二维滤波可以压制电缆产生的干扰波。消除记录中的相干干扰波；

（3）二维滤波可以压制从倾斜界面上产生的多次反射波或侧面波；

（4）二维滤波可以有效压制道间水平干扰信号；

（5）二维滤波是多道滤波，使用的滤波道数即影响滤除干扰波的能力，又影响雷达剖面记录的横向分辨率。

5. 频率域实现二维滤波计算

上面介绍在时间域中通过卷积运算实现二维滤波运算。在频率域中实现二维滤波运算可以采用下面三个运算步骤。

第一步：利用式(5.22)先将地质雷达采集到的时间-空间域剖面信号 $g(t, x)$ 转换为频率-波数域二维谱平面 $G(\omega, k_x)$，如图 5.26 所示。

第二步：设置通过视速度区域 $H(\omega, k_x)$。

第三步：在二维谱平面中，将需要压制视速度区域的信号进行处理，保留通过视速度区域信号，即进行运算 $Y(\omega, k_x) = H(\omega, k_x) G(\omega, k_x)$。利用式(5.23)将运算结果 $Y(\omega, k_x)$ 进行反变换，反变换结果就是经过二维滤波器 $H(\omega, k_x)$ 的滤波处理。

这里仍然对图 5.28（a）原始剖面进行二维频率域滤波分析。图 5.29 是图 5.28（a）的二维谱平面图，包含 D 的阴影区域为视速度通过区域；图 5.29（a）的高视速度通过区域和图 5.29（b）的低视速度通过区域；而图 5.30 是针对原始剖面（图 5.28（a））进行图 5.29 所示不同视速度通过区域的二维谱逆变换剖面；图 5.30（a）对应视速度区域图 5.29（a），图 5.30（b）对应视速度区域如图 5.29（b）所示。

从图 5.30 处理结果看，通过频率域逆变换处理同样可以达到二维处理目的。

由于频率域逆变换处理是对整个剖面信号进行二维正、逆变换，且二维正、逆变换需要大量的计算机内存，运算速度较慢，因此对短剖面均可以采用上面介绍的两种方式进行处理；如果剖面道数超过 2000 道，最好采用时间域二维卷积运算。

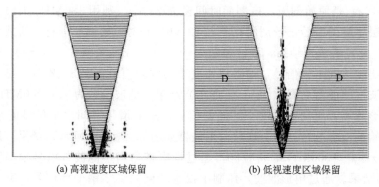

(a) 高视速度区域保留　　　　　　　　(b) 低视速度区域保留

图 5.29　图 5.28（a）的二维谱平面图

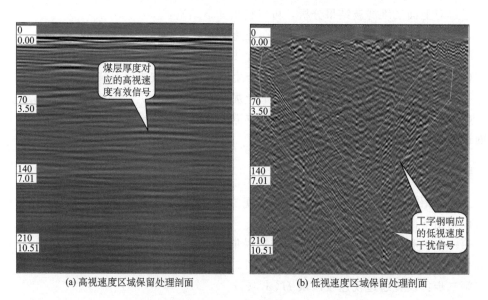

(a) 高视速度区域保留处理剖面　　　　　　(b) 低视速度区域保留处理剖面

图 5.30　二维谱逆变换剖面

5.5　希尔伯特变换(瞬时变换)

希尔伯特(Hilbert)变换揭示了由傅里叶变换联系的时域和频域之间的一种等价互换关系，它与傅里叶变换的对称性有紧密的联系。希尔伯特变换所得到的概念和方法在信号与系统以及信号处理的理论和实践中有着重要的意义和实用价值。

1. 希尔伯特变换的算法

这里提供计算瞬时参数的数学细节。一个解析信号可表示为依赖于时间的复变量

$$u(t) = x(t) + \mathrm{j}y(t) \tag{5.27}$$

式中，$x(t)$为信号本身；$y(t)$为信号的正交。正交是记录信号的 90°相移翻版。对 $x(t)$ 作希尔伯特变换就可得到（Bracewell，1965）

$$y(t) = \frac{1}{\pi t} * x(t) \tag{5.28}$$

代入式(5.27)，我们有

$$u(t) = x(t) + \mathrm{j}\,\frac{1}{\pi t} * x(t) \tag{5.29}$$

或

$$u(t) = \left(\delta(t) + \mathrm{j}\,\frac{1}{\pi t}\right) * x(t) \tag{5.30}$$

这样，要得到地质雷达单道 $x(t)$ 的解析信号 $u(t)$，只要对该道加上下列算子

$$\delta(t) + \mathrm{j}\,\frac{1}{\pi t}$$

当在傅里叶变换域中是解析的，这个算子对负频率就是零。因此复数道 $u(t)$ 不包含负频率成分。

一旦算出了 $u(t)$，就可以指数形式表达

$$u(t) = R(t)\mathrm{e}^{\mathrm{j}\varphi(t)} \tag{5.31}$$

式中

$$R(t) = [x^2(t) + y^2(t)]^{\frac{1}{2}} \tag{5.32}$$

及

$$\varphi(t) = \arctan\left[\frac{y(t)}{x(t)}\right] \tag{5.33}$$

式中，$R(t)$ 为瞬时振幅；$\varphi(t)$ 为瞬时相位。瞬时相位可用下面另一种方法计算。对方程式(5.31)两边取对数，我们有

$$\ln u(t) = \ln R(t) + \mathrm{j}\varphi(t) \tag{5.34}$$

因此

$$\varphi(t) = \mathrm{Im}[\ln u(t)] \tag{5.35}$$

式中，Im 为取虚部。

瞬时频率是瞬时相位函数的时间变化速率

$$\omega(t) = \frac{\mathrm{d}\varphi(t)}{\mathrm{d}t} \tag{5.36}$$

将式(5.35)对时间求导

$$\frac{\mathrm{d}\varphi(t)}{\mathrm{d}t} = \mathrm{lm}\left[\frac{1}{u(t)}\frac{\mathrm{d}u(t)}{\mathrm{d}t}\right] \tag{5.37}$$

为实际应用，式(5.37)写成差分方程

$$\omega_\mathrm{t} = \mathrm{lm}\left[\frac{1}{\dfrac{u_\mathrm{t} + u_{t-\Delta t}}{2}}\frac{u_\mathrm{t} - u_{t-\Delta t}}{\Delta t}\right] \tag{5.38}$$

最后对式(5.38)简化，我们有

$$\omega_{t} = \frac{2}{\Delta t} \text{Im} \left(\frac{u_{t} - u_{t-\Delta t}}{u_{t} + u_{t-\Delta t}} \right) \tag{5.39}$$

2. 希尔伯特变换的应用效果

图 5.31 是利用 100MHz 天线探测地下防空通道结果。用椭圆圈出防空通道的具体位置。

图 5.31 (a) 是原始剖面，该剖面时间窗为 140ns，利用测量触发方式实现连续扫描探测。

图 5.31 (b) 是对原始剖面进行希尔伯特变换的瞬时振幅剖面。

图 5.31 (c) 是对原始剖面进行希尔伯特变换的瞬时相位剖面。

图 5.31 (d) 是对原始剖面进行希尔伯特变换的瞬时频率剖面。

从结果对比来看，希尔伯特变换对防空通道均有良好的反应。

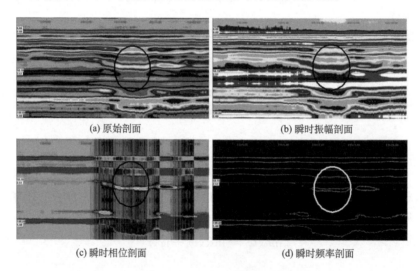

(a) 原始剖面　　　　　　　　　　　　(b) 瞬时振幅剖面

(c) 瞬时相位剖面　　　　　　　　　　(d) 瞬时频率剖面

图 5.31　希尔伯特变换剖面

5.6　反卷积运算

反卷积是通过压缩雷达子波以提高雷达剖面的时间分辨率的过程。要了解反卷积，首先建立一个地质雷达记录道的成分。地层是由不同岩性和物理性质的岩石组成，不同的物性介质具有不同的波阻抗特性，在相邻岩石之间的波阻抗差产生电磁波的反射，反射信号被接收天线所接收。这样，所记录的雷达信号可表示为一个卷积模型，即地层波阻抗差产生的脉冲响应与雷达子波的卷积。地层脉冲响应包括一次反射（反射系数序列）及所有的可能多次波。理想的反卷积是通过压缩子波，并消除多次波处理，在雷达记录上只保留地层波阻抗差产生的反射系数，从而提高雷达剖面分辨率。

1. 卷积模型

假设 1　地层是由等速度的水平层组成。

假设 2　发射信号以正入射角进入层界面。

根据假设 1 和假设 2，电磁波在入射过程中，可以忽略反射系数随入射角的变换。两层界面间的反射系数 $C(z) = \dfrac{I_2 - I_1}{I_2 + I_1}$，$I$ 是与每一给定层位有关的电磁波阻抗。因此反射系数序列 $C(z)$ 是深度 z 的变换量，此时建立的反射系数序列 $C(z)$ 还是一次波组成的。为了得到一个完整的水平模型的一维响应，必须加入所有类型的多次反射（地表、层内及层间的多次）。雷达波在地层传播过程中，由于波前扩散和吸收使能量降低，这些降低的能量可以采用各种增益控制进行补偿处理，因此，可以进行如下假设消除能量降低的影响。

假设 3　雷达波形在地下传播过程中不变，即它是稳定的。

从以上假设，现在就可以针对雷达记录提出一个卷积模型。假定一个雷达子波向下垂直传播，在 4ns 双程时碰见一个界面，此界面的反射系数为 R_1，反射的雷达子波被接收天线接收到，接收能量的大小由反射系数所决定。如果在多个双程时都碰见界面，则雷达子波被多次反射。如果反射系数是负值，则子波反射相位与入射信号相位差 π。

利用叠合原理，可以建立如下的雷达模型：

$$x(t) = w(t) * e(t) + n(t) \tag{5.40}$$

式中，$x(t)$ 为雷达记录；$w(t)$ 为雷达子波；$e(t)$ 为地层脉冲响应，即为反射系数序列；$n(t)$ 为随机环境噪声；$*$ 为卷积运算。

在式(5.40)中，雷达测得的是 $x(t)$，雷达子波 $w(t)$ 通常是未知的，最后对噪声 $n(t)$ 没有先验知识。反卷积的目的就是要求得到地层脉冲响应 $e(t)$。由于这里只有三个未知数、一个已知数和一个方程，为求解 $e(t)$，还得进行如下假设。

假设 4　噪声成分 $n(t)$ 为零。

假设 5　雷达子波 $w(t)$ 是已知的。

如果雷达子波是未知的，则反卷积问题的解是统计性的。维纳预测理论提供了统计性反卷积的一种方法。对于没有噪声的卷积模型为

$$x(t) = w(t) * e(t) \tag{5.41}$$

2. 反卷积

如果一个反卷积算子 $a(t)$ 这样定义，$a(t)$ 与已知的雷达记录卷积产生一个对地层脉冲响应 $e(t)$ 的一个估计，则

$$e(t) = a(t) * x(t) \tag{5.42}$$

将式(5.42)代入式(5.41)得到

$$x(t) = w(t) * a(t) * x(t) \tag{5.43}$$

将 $x(t)$ 从两边消去，得到下列表达式：

$$\delta(t) = w(t) * a(t) \tag{5.44}$$

式中

$$\delta(t) = \begin{cases} 1, & t = 0 \\ 0, & \text{其他} \end{cases} \tag{5.45}$$

对算子 $a(t)$ 求解，根据式(5.44)可以得到

$$a(t) = \widehat{w}(t) * \delta(t) \tag{5.46}$$

式中，$\widehat{w}(t)$ 是雷达子波 $w(t)$ 的逆。由此可以知道，反卷积运算的关键是要计算出雷达子波及其的逆。雷达子波提取算法很多，最简单的可以采用自相关方法提取。

3. 维纳滤波

进行反卷积和最小平方滤波运放，其反卷积滤波因子时，可以由以下的 Toeplitz 矩阵方程确定：

$$\begin{bmatrix} r_0 & r_1 & \cdots & r_{n-1} \\ r_1 & r_0 & \cdots & r_{n-2} \\ \vdots & \vdots & & \vdots \\ r_{n-1} & r_{n-2} & \cdots & r_0 \end{bmatrix} \begin{bmatrix} a_0 \\ a_1 \\ \vdots \\ a_{n-1} \end{bmatrix} = \begin{bmatrix} g_0 \\ g_1 \\ \vdots \\ g_{n-1} \end{bmatrix} \tag{5.47}$$

式中，r_i、a_i 和 g_i 分别为输入子波自相关、反卷积滤波系数、期望输出与输入子波的互相关。

根据不同的期望输出就可以计算不同的反卷积滤波因子。

4. 预测反卷积

预测反卷积目的：对于给定输入 $x(t)$，需要预测将来 $t+\alpha$ 的值，这里 α 是预测步长。

预测反卷积可以利用如下 Toeplitz 矩阵方程计算滤波因子：

$$\begin{bmatrix} r_0 & r_1 & \cdots & r_{n-1} \\ r_1 & r_0 & \cdots & r_{n-2} \\ \vdots & \vdots & & \vdots \\ r_{n-1} & r_{n-2} & \cdots & r_0 \end{bmatrix} \begin{bmatrix} a_0 \\ a_1 \\ \vdots \\ a_{n-1} \end{bmatrix} = \begin{bmatrix} r_0 \\ r_1 \\ \vdots \\ r_{n-1} \end{bmatrix} \tag{5.48}$$

注意式(5.47)和式(5.48)，可以利用 Levinlitz 递推算法求解。

5. 反卷积在实际处理中效果

图 5.32 (a) 是隧道初衬的雷达检测剖面。这里重点论述利用反卷积运算参数的选取和反卷积运算后剖面信号的变化。图 5.32 (b) 反卷积参数选取示意图。

从图 5.32 (b) 对话框中可以设置反卷积滤波方式及参数。反卷积滤波一般提供以下方式。

(1) 尖脉冲反卷积：期望输出采用滤波后的尖脉冲形式，希望获得的子波很窄，提

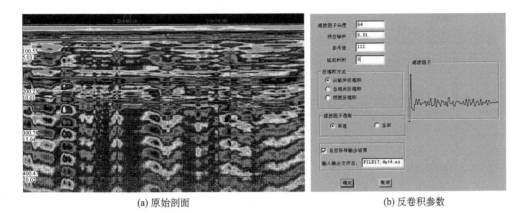

(a) 原始剖面　　　　　　　　　　　　　　　　　　　(b) 反卷积参数

图 5.32　隧道初衬的雷达检测原始剖面和滤波参数

高剖面分辨率。

（2）自相关反卷积：利用自相关运算获得期望输出结果。

（3）预测反卷积：压制多次波信号干扰，同时提高信号分辨率。

反卷积滤波一般提供以下参数：

（1）滤波因子长度。对任何滤波器而言，滤波因子长度越大越好。但是，当滤波因子达到一定长度时，滤波器产生的滤波效果提升不是很明显，而且滤波因子越长，消耗的时间越长，因此滤波因子长度的选取往往根据滤波效果来选，达到预期目的就可以。

（2）预白噪声。式(5.47)和式(5.48)中，都涉及求解反卷积滤波因子 a_i 的问题。如果直接用这两个表达式进行求解，求得的反卷积因子收敛很慢，振荡激烈。究其原因，是因为地质雷达子波的谱中有零值或接近零值，$a(t)$ 的谱趋于无穷大，当然不可能稳定。解决的办法是将一个白噪加入到输入道的频谱中，相当于给输入道的零延迟自相关值加上一个小幅度的尖脉冲，即在 Toeplitz 矩阵的主对角线用 $(1+\lambda)r_0$ 代替 r_0。由于反卷积后噪声和信号的高频成分都加强了，故反卷积后要进行一次宽带通滤波。

（3）延迟时间。延迟时间也称为预测步长。在理想无噪声条件下，预测反卷积对输出的分辨率可调节预测步长。单位预测步长意味着最高的分辨率，而较大的预测步长意味着较小的分辨率。但当存在噪声时，单位预测步长的反卷积输出所包含的高频能量大部分是噪声而不是有效信号，分辨率就要降低。

图 5.33 是尖脉冲反卷积预白噪声为 0.01、0.1、1 和 10 的反卷积滤波因子对比结果。

图 5.33（a）的预白噪声为最小 0.01，滤波因子振荡激烈，滤波因子高频干扰信号明显。当预白噪声达到 1 时，滤波因子干扰噪声明显减少。如果在继续增加预白噪声到 10，子波尖脉冲形态发生改变。因此对比不同的预白噪声设置获得的滤波因子来看，当预白噪声设置为 1 的时候获得较好的效果。对于预白噪声参数大小设置，不同雷达剖面其值变化范围较大，用实测的滤波因子来确定不同的参数。

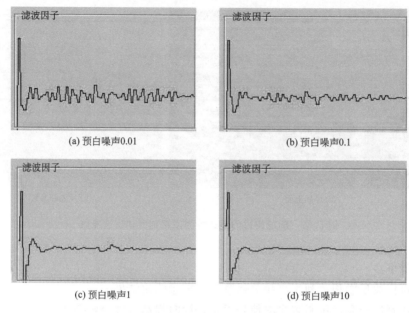

图 5.33　尖脉冲反卷积不同预白噪声滤波因子对比示意图

　　图 5.34 是利用尖脉冲反卷积滤波器和自相关反卷积滤波器的滤波结果对比。两种滤波器均对图 5.32（a）原始剖面进行处理。很明显经过这两种滤波器的运算，其分辨率都得到较大提高。对比两种滤波器的结果分析，尖脉冲滤波器具有更高的分辨率，但是同样高频噪声较大；而自相关滤波器高频干扰信号虽然减少，但是分辨率比尖脉冲反卷积低。

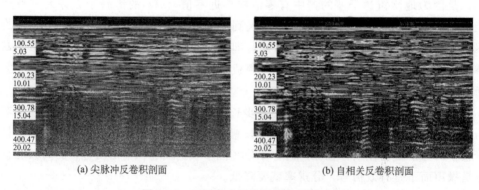

图 5.34　不同方式反卷积滤波剖面对比

　　如何利用预测反卷积滤波达到压制多次波的目的。如图 5.35(a)中所示正方形圈定区域具有多次反射，多次波之间相差 16 个样点间隔，由于剖面采样时间窗为 22ns，样点数为 512，可以计算出采样时间间隔为 0.04297ns，因此多次波时间间隔为 0.6875ns。为了获得良好的压制多次波效果，图 5.36 是给出延迟样点分别 10、16、26 和 126 的滤波因子对比示意图。

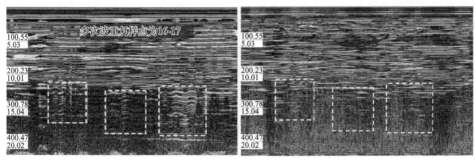

(a) 原始剖面　　　　　　　　　　　　　(b) 预测反卷积滤波剖面

图 5.35　预测反卷积滤波压制多次波

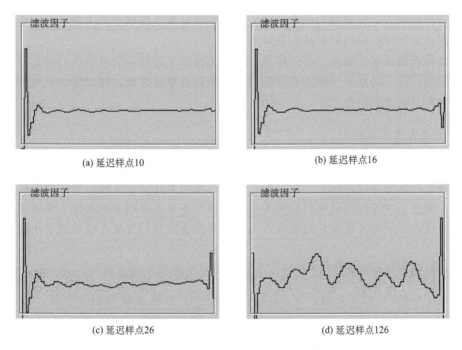

(a) 延迟样点10　　　　　　　　　　　　(b) 延迟样点16

(c) 延迟样点26　　　　　　　　　　　　(d) 延迟样点126

图 5.36　不同预测延迟滤波因子示意图

　　对图 5.36 不同延迟滤波因子对比分析，图 5.36（a）由于滤波因子尾部信号很弱，达不到压制多次信号的目的；图 5.36（b）尾部信号与初至信号反相，达到压制多次信号目的；图 5.36（c）尾部信号与初至信号同相，只能增加多次信号的能量；图 5.36（d）滤波因子出现振荡，只能给剖面造成强烈的干扰。从而由上面分析可以知道图 5.36（b）所示的滤波因子具有良好的滤波多次波的效果。图 5.35（b）是选用图 5.36（b）的滤波因子对图 5.35（a）剖面进行滤波处理的效果。可见，多次波信号得到有效压制。

　　反卷积运算由于加大了信号频带宽度，势必带来滤波因子产生的高频干扰。所以对滤波因子选取应该针对地质雷达剖面实际信号及其目的进行，只有这样才能达到较好的应用效果。很多地质雷达应用者，由于缺乏对反卷积滤波因子的正确认识，在使用反卷积运算时，往往得到相反结果，从而否定反卷积滤波，这是不对的。

5.7 小波变换

小波变换被誉为"数学上的显微镜"，也就是利用尺度参数的变化，既可以观察到信号的细节分量，也可以观察到信号的趋势分量。

小波变换作为一种新的信号处理手段，近几年来在无损检测领域的应用越来越多。其特点是小波变换可以在多尺度下把信号中不同频率的成分分解到不同的子空间中去，它具有平移性和伸缩性，可以分辨出被测信号的任意部位的频率分量。在实际的信号处理中实现了对信号的多分辨分析、识别，尤其对弱信号的拾取具有较好的应用效果。而地质雷达探测技术，处理目的就是在强干扰信号的背景下提取有效反射信号。小波变换对地质雷达弱反射信号的提取具有良好的效果。

小波分析因具有低熵性、多分辨率、去相关性以及选基灵活等特点，使其在信号处理领域应用广泛。特别是对瞬态非平稳信号分析具有独特之处，在目标识别与检测、信号消噪方面具有重要的作用。

1. 小波变换基本概念

长期以来，傅里叶分析是信号处理的重要工具，傅里叶级数的正交性和其函数的简单性为傅里叶变换和计算提供了极大的方便。但是傅里叶变换反映的是信号或函数的整体特性，而在不少实际问题中我们所关心的是信号在局部范围中的特性。为了继承傅里叶分析的优点，同时又克服它的缺点，人们一直在寻找新的方法，这导致了小波分析的出现。

具有有限能量的函数 $f(t)$（即 $f(t) \in L^2(\mathbf{R})$）的连续小波变换（continuous wavelet transform，CWT）的定义为以 $\varphi_{a,b}(t) = \dfrac{1}{\sqrt{a}} \varphi\left(\dfrac{t-b}{a}\right)$ 为积分核的积分变换，如下式所表示：

$$W_f(a,b) = W_\varphi f(a,b) = \int_{-\infty}^{\infty} f(t)\varphi_{a,b}(t)\mathrm{d}t = \int_{-\infty}^{\infty} f(t)\frac{1}{\sqrt{a}}\varphi\left(\frac{t-b}{a}\right)\mathrm{d}t \quad (5.49)$$

式中，$a > 0$ 为尺度参数；b 为定位参数；$\varphi_{a,b}(t)$ 为小波。

由于 $f(t)$ 是一个只在局部范围内有值的函数，改变 a 的值对 $\varphi_{a,b}(t)$ 的非零值范围有伸展作用（$a > 1$）和收缩作用（$a < 1$），越收缩的小波对快速改变的信号越敏感，即能更好地分析高频信号；反之，越伸展的小波对缓慢变化的信号越敏感，即能更好地适应分析低频信号。改变 b 的值，则会影响对 $f(t)$ 取样点的分析结果。

连续小波变换的结果中包含了许多小波系数 $c_{j,k}$，$c_{j,k}$ 是尺度 a 和定位 b 的函数，其定义如下：

$$c_{j,k} = \langle f, \ _{j,k}\rangle = Wf\left(\frac{k}{2^j}, \frac{1}{2^j}\right) \quad (5.50)$$

每个系数 $c_{j,k}$ 可以分解为不同频率范围和不同空间区域的小波系数。

小波函数的选择不是随意的,一般要求 $\varphi(t)$ 是归一化的具有单位能量的解析函数,因此它们必须满足如下条件。

(1) 定义域是紧支撑的:在一个很小的区间之外,函数值快速衰减,也即函数具有速降性,具有空间局域化特征;

(2) 平均值为 0: $\int_{-\infty}^{\infty} \varphi(t)\mathrm{d}t = 0$,不仅如此,甚至 $\varphi(t)$ 的高阶矩也为 0,即 $\int_{-\infty}^{\infty} t^{k}\varphi(t)\mathrm{d}t = 0$。

2. 小波变换用于信号消噪的基本原理

目前,小波应用在信号检测和去噪方面较多,包括小波变换模极大值和投影法、空间域小波系数相关法、小波阈值缩减法等,这些方法都是基于有效信号和噪声在小波变换域的系数随不同分解尺度变化具有不同的变化规律这一原理,只不过是对有效信号和噪声的判别原则、方法有所不同。下面主要介绍一下阈值去噪的基本思想和原理。

基于小波变换的阈值去噪的主要理论依据是,在 Besov 空间的信号能量主要集中在几个有限的系数中,而噪声的能量却分布于整个小波域中,因此经小波分解后信号的系数要大于噪声的系数,因此,通过设定一阈值把信号系数保留,而使大部分噪声系数减少至零,即去除了小波系数中的噪声元素,然后对阈值化处理后的小波系数进行小波反变换得到去噪后的信号,并证明了此方法可在 Besov 空间中得到其他任何线性形式(包括核估计、近邻估计及局部多项式估计)不可能达到的最佳估计。小波分析用于信号处理的步骤如下:

(1) 先对信号进行多小波分解,噪声部分通常包含在分解后的高频部分;

(2) 根据噪声的先验知识,设置门限阈值对小波系数进行处理;

(3) 最后对处理后的系数进行重构。

小波阈值去噪,面临两个主要问题:一是如何确定阈值;二是如何对小波变换域的系数进行筛选,即如何选定阈值函数。

关于阈值的选择:

目前,使用的阈值大体可分成全局阈值和局部阈值两类。全局阈值对各层所有的小波系数或同一层内的小波系数都是统一不变的,计算简便;而局部阈值则是根据当前系数周围的局部情况来确定阈值,需要较为繁琐的计算。

全局阈值有多种,比较常用的主要有 VisuShrink 阈值、BayesShrink 阈值、SURE-Shrink 阈值、GCV 阈值等。与全局阈值不同,局部阈值主要是通过考查在某一点或某一局部的特点,再根据灵活的判定原则来判定系数是"主噪"还是"主信",以实现"去噪"和"保留信号"之间的平衡,而且这些判定原则有时并不一定是从系数的绝对值来考虑的,而是从别的方面,如从概率和模糊隶属度方面来考虑。

在本章中定义阈值 $\delta = \dfrac{\sigma\sqrt{2\log_2 N}}{1+\log j}$,式中 σ 为噪声方差;N 为信号长度;j 为分解

层数。

阈值函数的选择：

比较常用的有硬阈值函数、软阈值函数以及软、硬阈值折中函数。

(1) 硬阈值函数

$$w_\delta = \begin{cases} w_{j,k}, & |w_{j,k}| \geqslant \delta \\ 0, & |w_{j,k}| < \delta \end{cases} \tag{5.51}$$

式中，$w_{j,k}$为小波系数的数值；δ为阈值，即保留绝对值大于阈值δ的小波系数，并且被保留的小波系数与原始系数相同。

(2) 软阈值函数

$$w_\delta = \begin{cases} \text{sign}(w_{j,k})(|w_{j,k}| - \delta), & |w_{j,k}| \geqslant \delta \\ 0, & |w_{j,k}| < \delta \end{cases} \tag{5.52}$$

式中，$\text{sign}(\cdot)$为符号函数，对绝对值小于阈值δ的小波系数置 0，而对大于阈值δ的小波系数用δ来进行缩减处理。

软、硬阈值方法虽然在实际中得到了广泛的应用，也取得了较好的效果，但它们本身存在着缺点。硬阈值方法可以很好地保留图像边缘等局部特征，但由于处理方式的不连续性，会使重构的信号（图像）出现振铃、Gibbs 效应等视觉失真。软阈值方法虽然具有较好的噪声平滑效果，但容易造成信号（图像）的边缘模糊。

(3) 软、硬阈值折中函数

$$w_\delta = \begin{cases} \text{sign}(w_{j,k})(|w_{j,k}| - \beta\delta), & |w_{j,k}| \geqslant \delta \\ 0, & |w_{j,k}| < \delta \end{cases} \tag{5.53}$$

对于一般的$0 < \beta < 1$来讲，在单小波情形下，该方法估计出来的数据w_δ的大小介于软、硬阈值方法之间。

3. 小波变换具体应用

任何信号都是隶属于一定的空间范畴，小波变换具有如下应用：小波变换主要利用不同尺度对信号进行分解；小波变换可以根据尺度不同对信号进行观测，小尺度观测信号的细节，大尺度观测信号的全体；在具体应用上可以根据介质对雷达波信号的吸收不同来应用不同尺度进行观测。

图 5.37 是不同尺度小波变换剖面对比示意图。图 5.37 (a) 是原始剖面，图 5.37 (b)～图 5.37(f)为尺度从 1 递增到 5 的小波变换剖面。很明显，尺度小，提取的是高频空间的数据，相反，尺度大，提取的是低频空间数据。因此选用什么尺度进行小波变换，要根据实际探测深度和需要提取有效信号的信息而定。如果提取是细小的层面信息，可以采用小尺度进行变换；如果提取深层位信息，可以选取大尺度进行变换。

下面是公路路基雷达检测的具体应用例子。

图 5.38 是山西某公路雷达检测剖面。为了提取路基回填土与原土层的反射界面，这里给出了尺度参数从 1 到 5 的雷达变换剖面。

从给定的小波变换结果来看，当尺度为 3 的时候，界面反射信号与该尺度小波变换

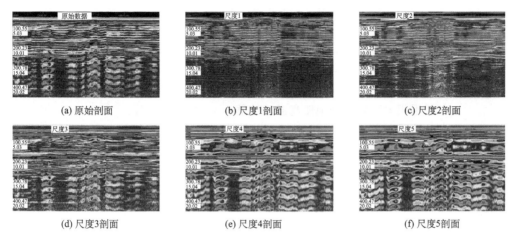

(a) 原始剖面   (b) 尺度1剖面   (c) 尺度2剖面

(d) 尺度3剖面   (e) 尺度4剖面   (f) 尺度5剖面

图 5.37 不同尺度小波变换剖面对比示意图

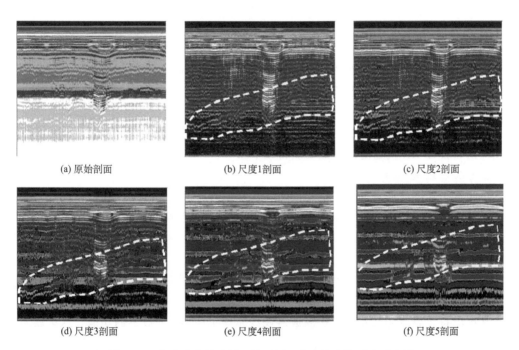

(a) 原始剖面   (b) 尺度1剖面   (c) 尺度2剖面

(d) 尺度3剖面   (e) 尺度4剖面   (f) 尺度5剖面

图 5.38 公路路基基础界面的不同尺度小波变换对比示意图

响应最佳匹配，如图 5.38(d)所示。该剖面不仅有效压制了道间水平干扰信号，而且层位起伏变化明显，信噪比较高。

5.8 水平预测滤波

水平预测滤波是在数字信号处理的基础上研究出的一种去除道间水平信号的方法。

1. 水平预测滤波的基础

滤波思想：将水平预测算法和滤波相结合。采用以下步骤实现该算法。

第一步：水平预测步长为道距长度；

第二步：道间水平预测数据和实际道时间深度样点数据之间相关系数；

第三步：利用相关系数设计 IIR 高通滤波器；

第四步：实现 IIR 滤波。

这里的预测算法采用预测反卷积模式来实现，见式(5.48)。不过要说明以下几点：①式(5.48)用来预测不同时间深度的，而水平预测很明显是预测测线不同水平位置；②式(5.48)用来压制多次波信息，而水平预测用来计算预测点时间深度的样点参数。

相关系数确定。如何利用预测道时间深度样点值和实际探测结果样点值来获取它们之间的相关系数？经过实验，采用下面表达式获取相关系数：

$$\rho(t) = \frac{|x(t) + x'(t)|}{\sqrt{x^2(t) + x'^2(t)}} \tag{5.54}$$

式中，$x(t)$ 为实际探测结果样点值；$x'(t)$ 为预测结果样点值。

从式(5.54)可以得出：如果实际样点值与预测样点值相同，相关系数为 1；如果实际样点值与预测样点值正好相反，那么相关系数值为 0。因此相关系数数值大小在 0 和 1 之间。

接下来的问题就是如何利用相关系数设计横向 IIR 高通滤波器。从前面 IIR 滤波器介绍知道，设计 IIR 高通滤波器需要获得以下参数：①截频点；②截频点衰减；③通频点；④通频点衰减 3dB。

由于水平预测滤波目的是滤除道间水平干扰信号，因此截频点为 0，截频点衰减为 20dB。通频点与前面获取的相关系数有关。我们希望如果相关系数越大，通频点越小，从而对道间水平信号进行较小压制；否则通频点过大，会对道间水平信号进行更大范围的压制。

结合以上考虑，通频点计算采用如下表达式：采样频率/(样点数×相关系数)；通频点的衰减为为 3dB。

利用巴特沃思或切比雪夫模拟滤波器设计原理实现 IIR 滤波器的功能。这里就不介绍如何进行转换的。

这里采用偶级联方式实现 IIR 滤波功能，如图 5.39 所示。

图 5.39　IIR 滤波器偶级联方式

2. 水平预测滤波的应用分析

这里介绍一个利用水平预测滤波方法提取隧道钢筋信号的例子。

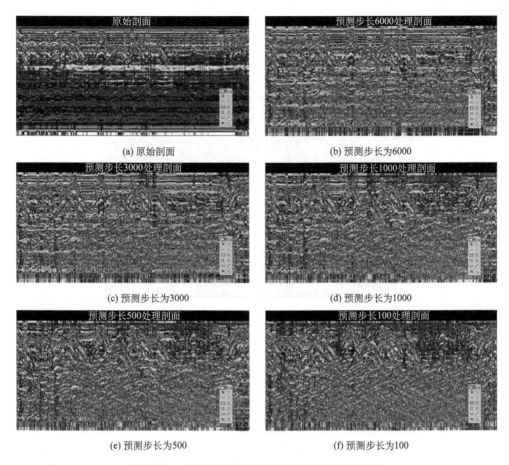

图 5.40　水平预测滤波不同预测步长对比示意图

　　图 5.40 是原始数据与用不同预测滤波步长处理的结果示意图。

　　图 5.40(a)是地质雷达原始剖面。由于道间水平信号的干扰叠加,在原始剖面上很难获取钢筋信息。为此,需要进一步处理,去除水平干扰信号,从而提取钢筋的局部反射信息。

　　图 5.40(b)～图 5.40(f)是分别采用预测步长为 6000、3000、1000、500 和 100 的处理结果。预测步长越小,去除道间水平信号的能力越强。因此在实际应用过程中,应该根据处理目的选取合适预测步长。从本次应用效果看,预测步长为 100 时,能有效提取钢筋反射信息,达到良好的探测结果。

5.9　子波相干加强

　　前面介绍的信号处理主要利用给定参数计算滤波器子波,再通过子波和数据进行卷积或反卷积运算达到提取有效信号的目的。

　　子波相干加强是利用地质雷达剖面,在剖面上选取有效信号作为子波,根据用户选择的子波与雷达剖面进行卷积运算，从而达到提取有效信号的目的。

图 5.41 是原始剖面。从该剖面上可以看出有两个信号，即层面信息 1 和层面信息 2。这两层信息分别用不同形式的虚框圈定出来。我们这里就是通过选取这两个层面子波进行相干加强运算。

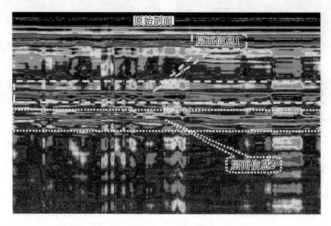

图 5.41　原始剖面

图 5.42 是原始剖面层位信息 2 子波选取及其相干加强剖面。图 5.42(a)给出选取子波的信息。选取子波有如下信息。

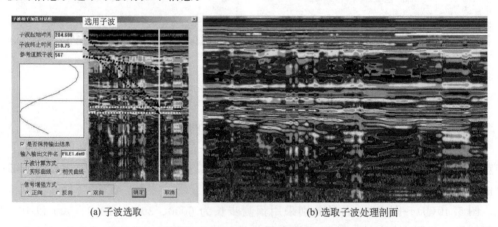

(a) 子波选取　　　　　　　　　　　(b) 选取子波处理剖面

图 5.42　原始剖面层位信息 2 子波选取及相干加强剖面

（1）子波起始时间：也就是确定子波的零点信息，图 5.42(a)给出的子波起始时间为 204.688ns。

（2）子波终止时间：也就是确定子波的结束点信息，图 5.42(a)给出的子波终止时间为 218.75ns。

（3）子波参考道数：就是从剖面中选取提取子波信息的道数。参考道尽量保证所选取子波具有代表层面所有道信息的特征。在实际选取道数时，也避免在视速度小的区域选取子波道，因为视速度小的区域，子波的波长被加宽，从而不能代表实际子波信息。

图 5.42（a）给出的子波道数为第 567 道。

利用选取子波参数，可以通过提取子波波形曲线来观测子波的选取情况。图 5.42（a）中的曲线就是所选子波的波形。

上面介绍如何选取子波。如果选取子波信息不是很光滑，用不光滑子波进行相干加强计算，势必在不光滑区域造成干扰扰动。为此需要进一步修复不光滑子波。修复不光滑子波可以采用自相关计算方式。如果选取子波比较光滑，那么就可以直接使用该子波进行相干加强处理。

图 5.42(b)就是利用选取层面信息 2 的子波直接进行相干加强运算的剖面。与原始剖面图 5.41 相比，层面信息 2 的分辨率得到明显提高，从而提高层面信息 2 的解释精度。

图 5.43 就是选取层面信息 1 子波参数及进行相干加强运算的剖面。由于选取子波的不光滑性，所以对选取的子波进行相关运算。利用相关结果与图 5.41 的原始剖面进行相干加强，层面信息 1 的分辨率得到明显提高。

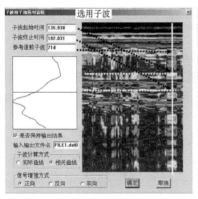

(a) 子波选取　　　　　　　　　　　　(b) 选取子波处理剖面

图 5.43　原始剖面层位信息 1 子波选取及相干加强剖面

因此子波相干加强运算可以根据地质雷达剖面需要加强的信号来自由选取子波，极大方便了不同信息提取。

5.10　背景消除

1. 目的和意义

地质雷达由于阻抗不匹配产生的驻波干扰信号成为主数据采集中的主要背景噪声，在雷达剖面上这些干扰具有等时和稳定等特点，具体表现为道间水平信号强，其视速度很高。当地下浅层反射能量较大时，对水平信号具有压制，但是由于深部信号反射能量较弱，水平干扰信号就压制有效信号。为此必须将这种水平干扰信号去除，才能提取出反映地层结构变换的反射信号。

2. 算法实现方式

选取雷达剖面明显出现道间水平干扰信号的区域，将该区域的所有道数据进行求平均值运放，这样的均值主要代表有规则的水平信号，而无规则的反射信号得到减弱。因此平均值可以认为是仪器内部造成的干扰信号，需要从雷达剖面所有数据道中去除。此时，把均值道作为仪器背景噪声。求取雷达剖面所有道与背景噪声之间的差，达到去除背景噪声的目的。

背景噪声选取

$$x_{\Sigma}(t) = \frac{1}{N_2 - N_1 + 1} \sum_{i=N_1}^{N_2} x_i(t), \quad N_1 < N_2 \tag{5.55}$$

式中，N_1 为剖面背景噪声的起始道数；N_2 为剖面背景噪声的终止道数。如图 5.44 所示。

背景噪声消除计算采用下面方式进行：

$$y_i(t) = x_i(t) - x_{\Sigma}(t)p(t), \quad i = 1,2,3,\cdots,N \tag{5.56}$$

式中，N 为地质雷达剖面最大道数；$p(t)$ 为背景道的增益曲线。

为什么要设置增益曲线？增益曲线可以根据背景信号的强弱来调节背景噪声的大小。增益曲线数值在 0 和 1 之间变换，值为 0，那么相应地将背景噪声置为 0，此时保持该时刻深度的原来信息；否则减去根据增益调节后的背景噪声。

3. 应用分析

这里以图 5.38（d）为例进行背景消除处理。

图 5.44 是背景噪声选取及消除处理剖面。背景噪声选取的起始道为第 16 道，终止道为 555 道。在图 5.44（a）中有三根曲线分别对应选中的参考道、背景噪声和对参考道的处理结果。增益曲线保持为常数 1。图 5.44（b）是利用图 5.44（a）中的背景道对图 5.38（d）处理的剖面。沥青层底和基础层底反射信息，在消除背景噪声后都得到

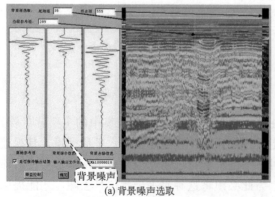
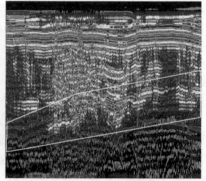

(a) 背景噪声选取　　　　　　　　　　　　　(b) 背景消除处理剖面

图 5.44　背景噪声选取及消除处理剖面

了明显改善。

图 5.45 是增加增益曲线后对图 5.38（d）处理的剖面。

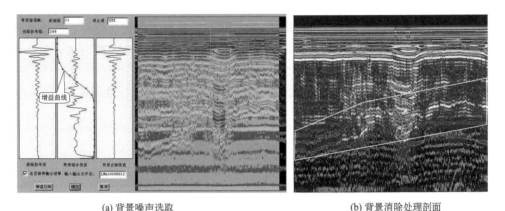

(a) 背景噪声选取　　　　　　　　　　　　　　　　(b) 背景消除处理剖面

图 5.45　增益曲线变化下的背景噪声选取及消除处理剖面

图 5.45（a）的增益曲线变化下的背景噪声选取，保留了对沥青层底反射信息，而对基础层底进行了道间水平信号消除处理。从图 5.45（b）可以看出基础层底反射信号的信噪比得到提高。

5.11　道间平衡加强

5.11.1　基本原理

道间平衡加强属于修饰性处理。道间平衡加强是利用信号相关性提高时间剖面信噪比的处理方法。其基本原理是，在相邻雷达道中，有效波具有相似性，而随机干扰不具有相似性，因而，可以在相关分析的基础上判定哪些采样值是属于有效波的，应该加强；哪些采样值是干扰，应该削弱。

道间平衡加强根据道间的同信号的相关性系数来确定加强权系数。

道间平衡加强的计算公式为

$$\tilde{y}_j = \tilde{B}_j(t) y_j(t) \tag{5.57}$$

式中，$y_j(t)$ 为道间平衡加强处理前的第 j 道雷达记录；$\tilde{B}_j(t)$ 为第 j 道记录的道间平衡加强权函数；$\tilde{y}_j(t)$ 为道间平衡加强处理后的第 j 道雷达记录。

道间平衡加强权函数 $\tilde{B}_j(t)$ 在水平同相轴（相关系数大）通过处应取高值，否则应取低值。为了避免处理后记录波形明显失真，它随 t 的变化应缓慢些。道间平衡加强权函数是通过被处理道与以它为中心的若干道所组成的模型道之间的互相关曲线求得的。下面介绍求得 $\tilde{B}_j(t)$ 的具体方法。

第一步　将以第 j 道为中心的 N 道地震记录不加任何时间延迟地叠加起来，形成模型道。N 应取为大于 1 的奇数，即有

$$y_\Sigma(0,t) = \sum_{i=j-\frac{N-1}{2}}^{j+\frac{N-1}{2}} y_i(t) \tag{5.58}$$

式中，$y_i(t)$ 为平衡加强前的第 i 道记录；j 为欲进行平衡加强的雷达信号；N 为求模型道所用的道数，一般为大于 1 的奇数；$y_\Sigma(0, t)$ 为与第 j 道对应的模型道，括号中的"0"表示求取它的时候，叠加是没有时间延迟的。

第二步　在以 t 为中心、以 T 为长度的时间窗内求取模型道与处理道之间的相关系数，即

$$R_j(0,t) = \frac{\sum_{t'=t-\frac{T}{2}}^{t'=t+\frac{T}{2}} y_\Sigma(0,t')y_j(t')}{\sum_{t'=t-\frac{T}{2}}^{t'=t+\frac{T}{2}} y_j(t')y_j(t')} \tag{5.59}$$

式中，$R_j(0, t)$ 为以 t 为中心的相关系数；t 为相关时窗中心；T 为相关时窗长度。

第三步　根据用户设定的平衡系数极大值 ZA 和极小值 ZI 的范围，在互相关曲线的基础上求得初步的权函数，初步计算权函数的计算公式为

$$B_j(t) = \begin{cases} \mathrm{ZA}, & R_j(0,t) > \mathrm{ZA} \\ R_j(0,t), & \mathrm{ZI} \leqslant R_j(0,t) \leqslant \mathrm{ZA} \\ \mathrm{ZI}, & R_j(0,t) < \mathrm{ZI} \end{cases} \tag{5.60}$$

第四步　以 T 为平滑时窗长度，对初步计算得到的加权函数 $B_j(t)$ 进行平滑处理，得到最终的平衡加强权函数 $\widetilde{B}_j(t)$

$$\widetilde{B}_j(t) = \frac{1}{T}\sum_{t'=t-\frac{T}{2}}^{t'=t+\frac{T}{2}} B_j(t) \tag{5.61}$$

5.11.2　应用分析

道间平衡加强将相关系数大的连续信号进行加强，图 5.46 是原始雷达剖面，图 5.47 是道间平衡加强处理后剖面，可见连续信号得到显著增强。

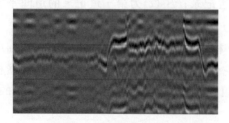 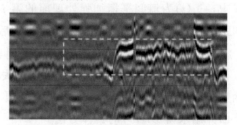

图 5.46　原始雷达剖面　　　　　图 5.47　道间平衡加强处理后剖面

5.12　自　动　增　益

自动增益的目的是使雷达剖面上各有效波的能量均衡,这种处理便于有效波的追踪,也利于弱信号的对比。

自动增益依靠雷达记录乘以随时间变化的增益权函数来实现,即

$$\tilde{y}(t) = P(t)y(t) \tag{5.62}$$

式中,$y(t)$ 为自动增益前的雷达记录;$P(t)$ 为自动增益权函数;$\tilde{y}(t)$ 为自动增益后的雷达记录。

对于能量大的反射信号,所乘的权因子应该小;对于能量小的反射信号,所乘的权因子应该大。为了使反射波的记录不会发生失真,权函数因子随时间的变化应该比较缓慢。

为了计算增益权函数 $P(t)$,首先将整个时间窗分割成若干个等时间的小窗口,利用小窗口能量大小来确定控制点的增益大小。

1. 时间窗的确定及平均振幅的计算

由参数控制点数确定时间窗的数量,在计算平均振幅时,每两个相邻时间窗之间要重叠半个时间窗。因此,根据控制点数,需要计算以下参数:时间窗长、时间窗的起始时间、时间窗的终止时间。

因此,第 i 个时间窗内的平均振幅计算公式为

$$A_i = \frac{\sum_{t=T_{i-1}}^{t=T_{i+1}} |y(t)|}{N} \tag{5.63}$$

式中,$y(t)$ 为要处理的雷达采集的单道信号;T_{i-1} 为第 i 个时间窗的起始时间;T_{i+1} 为第 i 个时间窗的终止时间;N 为第 i 个时间窗的样点数;A_i 为第 i 个时间窗的平均振幅。

最后,把每个时间窗的平均振幅对应于各自的时间窗中心作为控制点的增益参数存放起来。

2. 计算加权函数

加权函数为

$$P_i = \frac{M}{A_i} \tag{5.64}$$

式中,A_i 为第 i 个时间窗的平均振幅;P_i 为第 i 个时间窗中心对应的加权因子;M 为用于调整处理后有效振幅大小的平衡系数。

对于那些非时间窗中心各点的加权因子,可以利用相邻两个时间窗中心的加权因子线性内插得到。

3. 应用分析

地下室底板是建筑结构的重要部分，尤其底板厚度不能满足设计要求，是产生裂缝

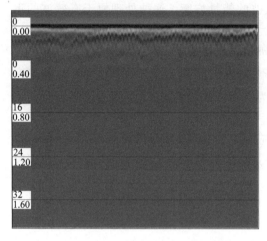

图 5.48　地下室底板雷达探测原始剖面

和渗水的主要原因，这不但关系到建筑体的安全，也影响到地下室的使用功能和寿命。地质雷达是目前探测混凝土结构物厚度的常用技术，不同厚度选用不同频率天线，厚度越小，相应选用的频率天线越高，达到较高精度。数字模型研究发现，当厚度小于波长 $\frac{1}{2}$ 时，从雷达剖面上能较好区分介质的厚度。当厚度在 0.5m 附近，采用 900MHz 左右天线能获得较好效果，然而 900MHz 信号介质的吸收系数较大，信号衰减很快。图 5.48 是针对福州某小区地下室底板进行厚度探测雷达原始剖面，地

下底板采用双层钢筋网浇注而成，钢筋对雷达波信号具有很强的反射能力，对地板底部反射信号具有屏蔽作用，尤其双层钢筋网的屏蔽影响更大，完全掩盖下面信息的能量。

由于雷达波信号衰减很快，原始剖面只能观测到浅部钢筋反射信号，为了观测到深部信号，对原始数据进行自动增益处理，自动增益处理的关键参数是增益控制点数（即小窗口的数量），分别选用增益控制点为 4、8、18 进行对比，其增益曲线及增益处理后剖面分别如图 5.49、图 5.50 和图 5.51 所示。

通过对比，增益控制点数越大，对弱小信号放大能力越小，相反，对弱小信号具有较大的放大效果。但是并不是增益控制点数越大越好，随着其增大，其强弱信号的对比度会下降。因此增益控制点参数选取应该满足能观察到所需要的信号为准。

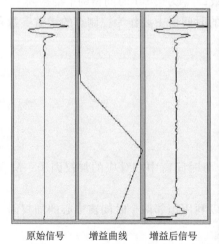

原始信号　　增益曲线　　增益后信号

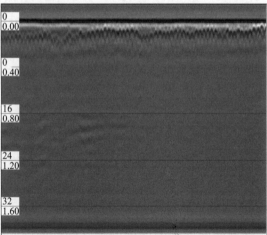

图 5.49　增益控制点参数为 4 的增益曲线及处理后剖面

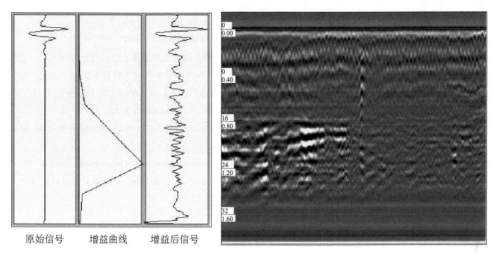

原始信号　　　　增益曲线　　　　增益后信号

图 5.50　增益控制点参数为 8 的增益曲线及处理后剖面

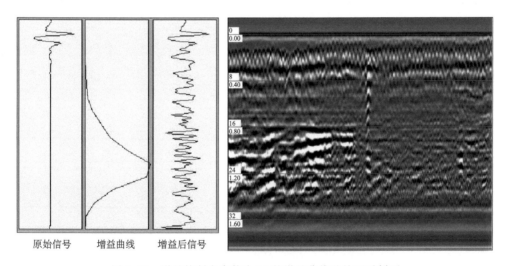

原始信号　　　　增益曲线　　　　增益后信号

图 5.51　增益控制点参数为 18 的增益曲线及处理后剖面

参 考 文 献

程佩青 . 1990. 数字滤波与快速傅里叶变换 . 北京：清华大学出版社

崔宝珍，潘宏侠 . 2006. 小波分析在信号处理中的应用 . 机械工程与自动化，(4)：97～102

郝建新，魏玉峰，林雄斌 . 2008. 地质雷达探测干扰因素及图像识别研究 . 工程勘察，(11)：73～75

胡广书 . 1997. 数字信号处理——理论、算法与实现 . 北京：清华大学出版社

李才明，王良书，徐鸣洁 . 2006. 基于小波能谱分析的岩溶区探地雷达目标识别 . 地球物理学报，49（5）：
　　1499～1504

柳重堪 . 1992. 信号处理的数学方法 . 南京：东南大学出版社

渥·伊尔马兹 . 1994. 地震数据处理 . 黄绪德，袁明德译 . 北京：北京石油工业出版社

吴湘淇 . 1996. 信号、系统与信号处理（上）. 北京：电子工业出版社

许新刚，李党民，周杰．2006．地质雷达探测中干扰波的识别及处理对策．工程地球物理学报，3（02）：114～118

杨峰．2004．地质雷达系统及其关键技术的研究．北京：中国矿业大学（北京）博士论文

杨峰，高云泽．2005．地质雷达高压线干扰的识别与消除．工程地球物理学报，2（04）：276～281

翟波，杨峰．2007a．Hilbert 变换在探地雷达数据处理中的应用．计算机与信息技术，（8）：29～30

翟波，杨峰．2007b．基于二维滤波的探地雷达数据去噪研究．南京师范大学学报（工程技术版），7（3）：79～83

邹海林．2005．多小波理论在探地雷达信号处理中的应用研究．北京：中国矿业大学（北京）博士论文

Bracewell R. 1965. The Fourier Transform and Its Applications. New York：MCGRAW-HILL

Mallat S，Zhang S. 1992. Characterization of signals from multiscale edges . IEEE Trans. on Pattern Analysis and Machine Intelligence，14（7）：710～732

Peng S P，Yang F. 2004．Fine geological radar processing and interpretation. Applied Geophysics，1（2）：89～94

Yi L. 2003．Generalized Hilbert transform and its applications in geophysics. The Leading Edge，22（3）：198～202

第6章 地质雷达资料解释

本章介绍的内容多是作者多年来在地质雷达资料解释方面的研究成果,包含了技术方法和软件开发等方面内容。

6.1 地下介质速度计算

速度是地质雷达探测技术的关键参数之一,直接影响探测深度精度解释。在地下介质未知介电常数的情况下,目前常用以下三种方法来计算地下介质的平均速度。

1. 利用已知埋深反演速度

这是一种常用的简捷可行方法。现场可以通过打钻、开挖或查找具有已知深度的目标体来反演介质的平均速度。计算公式如下:$v = 2h/t$,其中 h 为目标体深度,t 为目标体对雷达波的反射双程时间。

2. 利用目标体反射双曲线计算速度

地质雷达探测中,横切地下金属管线将产生较强的双曲线绕射,如图 6.1 所示。雷达探测从地表 A 点移动到 O 点,横切地下金属管线 M,A 点到 O 点的距离为 x。在雷达剖面上形成 NM 的双曲线弧。设目标体的顶部反射时间为 t_0,偏移顶部位置 x 处的反射时间为 t_A,则有

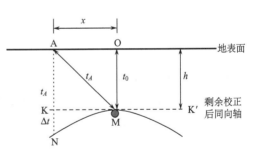

图 6.1 双曲线绕射示意

$$v = \frac{2x}{(t_A^2 - t_0^2)^{\frac{1}{2}}} \qquad (6.1)$$

$$h = \frac{x}{[(t_A/t_0)^2 - 1]^{\frac{1}{2}}} \qquad (6.2)$$

利用式(6.1)和式(6.2)就可以求出地下介质雷达波平均速度 v 和目标体 M 的埋深 h。

3. 利用速度扫描求取速度

选定具有绕射区域信号,如图 6.1 所示。$\Delta t = t_A - t_0$ 称为剩余校正量,如果将雷达剖面的双曲线同向轴 NM 弧,经过去除剩余校正量 Δt 后,形成剩余校正同向轴,即

KK'。剩余校正量 Δt 计算如下：

$$\Delta t = \frac{2}{v}\left(\sqrt{x^2 + \frac{vt_0}{4}} - \frac{vt_0}{2}\right) \tag{6.3}$$

$$h = \frac{vt_0}{2} \tag{6.4}$$

式中，v 为地下介质的平均速度。

式(6.3)中 x 参数可以从探测记录获取，t_0 参数可以从雷达剖面获取到，因此通过给定不同的地下介质的平均速度 v，利用公式(6.3)计算不同位置的剩余校正量，从而将管线双曲线同向轴校正为剩余校正后同向轴，如图 6.1 所示，当剩余校正后同向轴调整为直线时，就可以获得地下介质的平均速度 v 和探测深度 h。

4. 共中心点求速度

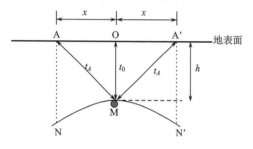

图 6.2　共中心点反射示意图

共中心点求取速度主要利用发射和接收天线的不同间距、而中心位置相同来反演地下介质速度，如图 6.2 所示。其中 x 是距中心的距离，t_0 是中心点反射时间，t_A 为距离中心点 O 两侧、距离同为 x 点上的反射时间，则可以利用式(6.5)计算出速度

$$v = \frac{x}{(t_A^2 - t_0^2)^{\frac{1}{2}}} \tag{6.5}$$

6.2　层位厚度识别解释

随着我国公路、铁路建设的发展，地质雷达已成为公路油面厚度和隧道开挖衬砌厚度检测的主要技术手段。本文采用信号识别技术来进行层位的自动识别和提取。

本章介绍的层位追踪包括以下 3 个方面的内容：

(1) 层位多参量提取及其识别算法，这是层位追踪的核心；

(2) 层位信号的计算机存储及其实现，这是层位追踪的计算机实现；

(3) 层位追踪结果的输出，包括里程、时间、厚度、速度等参数，这是层位追踪结果的解释。

6.2.1　层位追踪算法分析

在信号分析的基础上，本书提出了一种新的层位追踪算法，该算法利用信号分析和变换技术进行多参数提取，通过相关计算达到层位识别的目的。与目前用相位参数进行层位追踪的算法相比，克服了信号相位必须相对平稳的要求。隧道衬砌在施工过程中，由于开挖环境和施工工艺的原因，衬砌起伏很大，这种起伏在地质雷达图像上表现为信号相位的不稳定和能量强弱不均匀等，使用相位追踪算法常常造成错误的追踪结果。

1. 层位追踪算法流程

第一步　初始化参考道及其层位追踪参数，选中需要的追踪道；

第二步　对参考道和追踪道进行多参数提取；

第三步　计算追踪道各样点与参考道之间的所有相关系数；

第四步　选定最大相关系数的样点作为追踪结果；

第五步　将追踪结果作为新的参考道，选定新的追踪道进行层位追踪，直到追踪计算完所有道。

其具体的实现流程如图 6.3 所示。

2. 参数提取算法

1) 雷达数据自身构成的时间域向量

数据时间域就是设备采集并要分析的数据，代表地层介电常数的变化信息，设 N 是数据段的长度，则向量

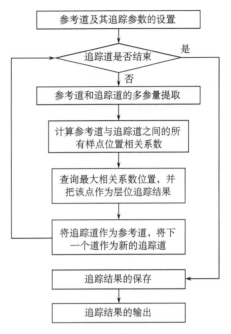

图 6.3　层位追踪实现示意流程图

$$\boldsymbol{a} = [a_0, a_1, \cdots, a_{N-1}] \tag{6.6}$$

为雷达数据时间域段向量。

2) 自相关向量

对向量 $\boldsymbol{a}$ 进行自相关运算，获得如下结果作为独立向量：

$$r_{a,a}(l) = \sum_{k=0}^{k=N-1} a_l \times a_{(l+k)} \quad (l = 0, 1, \cdots, N-1) \tag{6.7}$$

那么，可以得到自相关向量 $r_{a,a} = [r_{a,a}(0), r_{a,a}(1), \cdots, r_{a,a}(N-1)]$。向量 $\boldsymbol{a}$ 自相关向量 $r_{a,a}$ 的频谱为向量 $\boldsymbol{a}$ 的能谱。可见向量 $r_{a,a}$ 既反映向量 $\boldsymbol{a}$ 的能量特性，也反映出向量 $\boldsymbol{a}$ 的频谱特性。

3) 最小相位向量

任何能量有限的离散因果信号均可以分解为最小相位信号和零相位信号。在实际应用中，雷达采集的信号均可以视为能量有限的因果信号，因此，向量 $\boldsymbol{a}$ 可以进行如下分解：

$$\boldsymbol{a} = \boldsymbol{b} * \boldsymbol{g} \tag{6.8}$$

式中，$\boldsymbol{b} = [b_0, b_1, \cdots, b_{N-1}]$ 为最小相位向量；$\boldsymbol{g} = [g_0, g_1, \cdots, g_{N-1}]$ 为零相位向量。

通过式(6.6)、式(6.7)、式(6.8)实现多参数提取。

3. 相关系数计算

通常所说的相关性分析是对自然界和社会中的两种或多种现象是否相关进行的分析评价，是了解对象特征及分布规律的有效手段，为进一步研究或决策提供依据。

在数字信号处理中经常用到两个信号的相似性分析，或者一个信号经过一定延迟后的相似性分析，这在信号的识别、检测和提取等领域得到广泛应用。这里讨论确定信号相似性的基本原理，因为地质雷达是有源发射的确定性电磁波信号。

设 $x(n)$、$y(n)$ 是两个能量有限的确定性信号，并假定它们是因果的（地质雷达发射电磁波满足能量有限和因果性条件），则定义

$$\rho_{xy} = \frac{\sum_{n=0}^{N-1} x(n)y(n)}{\left[\sum_{n=0}^{N-1} x^2(n) \sum_{n=0}^{N-1} y^2(n)\right]^{\frac{1}{2}}} \tag{6.9}$$

为 $x(n)$ 和 $y(n)$ 的相关系数。式中分母等于 $x(n)$、$y(n)$ 各自能量乘积的开方，即 $\sqrt{E_x E_y}$，它是一个常数，因此 ρ_{xy} 的大小由分子

$$r_{xy} = \sum_{n=0}^{N-1} x(n)y(n) \tag{6.10}$$

来决定，因此 r_{xy} 也称为 $x(n)$ 和 $y(n)$ 的相关系数。由施瓦兹不等式，有

$$|\rho_{xy}| \leqslant 1 \tag{6.11}$$

由式 (6.9) 可知，当 $x(n) = y(n)$ 时，$\rho_{xy} = 1$，两个信号完全相关（相等），这时 r_{xy} 取得最大值；当 $x(n)$ 和 $y(n)$ 完全无关时，$r_{xy} = 0$，$\rho_{xy} = 0$；当 $x(n)$ 和 $y(n)$ 有某种程度的相似时，$r_{xy} \neq 0$，$|\rho_{xy}|$ 在 0 和 1 之间取值。因此，可以用 r_{xy} 和 ρ_{xy} 来描述 $x(n)$ 和 $y(n)$ 之间的相似程度，ρ_{xy} 又称为归一化的相关系数。

因此，利用获取的向量参数进行相关系数计算，从不同时间段中，获取最大相关系数参数，达到层位追踪的目的。

6.2.2 计算机存储及其实现

1. 计算机存储结构设计

为了在计算机上实现层位追踪功能，设计了如下结构以保存相应的层位追踪结果。

```
struct CengMianXian
{
    int    TotalLen;         //结构体的总长度（4 字节）
    UINT Number;             //结构体在文件中的序号（4 字节）
    BOOL bActive;            //本结构体中的层面线是否正被处理
    UINT Center;             //中心线
    UINT BeginSample;        //计算起始点
    UINT Fielddpart;         //计算区域
```

```
UINT StaticBegSample;                  //统计起始点
UINT Chaju;                            //统计范围
UINT Daoshu;                           //参考道
UINT Delta;                            //取点间隔
int  Dynmic;                           //动态追踪
int size;                              //层面线的长度（4 字节）
CArray<CPoint，CPoint> m _ Array; // 层位线 （ 8 * size 字节）
```
struct CengMianXian CMXian ［4］;　　　　//建立层位追踪数量

从上面可以看出，算法可以同时连续追踪 4 条层位线。但是在实际应用中可以保存任意多条层位追踪结果，根据需要，可调入其中的任意 4 条层位线。

2. 层位追踪的计算机实现

层位追踪参数的选取如下。

在层位追踪计算机实现过程中首先需要确定层位追踪参数，图 6.4 是输入层位参数的界面。其参数如下："中心点"、"计算起点"、"计算区域"、"相关起点"和"相关范围"等。利用这些参数和前面介绍的算法，就可以提取需要追踪的数据参数。

在层位追踪过程中，本算法提供两种追踪方式：静态追踪和动态追踪。

静态追踪主要应用于层面起伏不大的层位信息，如高速公路层面厚度；动态追踪特点是层位追踪中心点跟随追踪位置的变化。所以动态方式主要应用于层位起伏变化较大的情况，如隧道衬砌检测，由于超挖和欠挖造成层面的起伏变化很大。

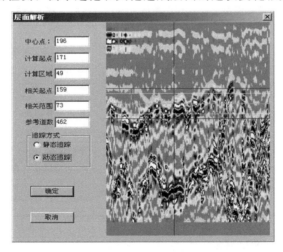

图 6.4　追踪参数设置

6.2.3　层位追踪结果的输出

层位追踪结果根据用户需要，可以设计以下两种方式输出。

1）按道结果输出

按道结果输出的成员列表有：道号、第 1 层双程时间、第 1 层深度（速度：0.10）、第 2 层双程时间、第 2 层深度（速度：0.12）、第 3 层双程时间、第 3 层深度（速度：0.14）。

　　2）按标记结果输出

按标记结果输出的成员列表有：标记序号、道数、里程、第 1 层双程时间、第 1 层深度（速度：0.10）、第 2 层双程时间、第 2 层深度（速度：0.12）、第 3 层双程时间、第 3 层深度（速度：0.14）。

可见在不同的层位上，给出不同的速度，提高了解释的精度。

6.3　公路路面厚度评测解释

《公路工程质量检验评定标准（JTG F80/1—2004）》是公路路面厚度评测的指南。利用地质雷达探测技术，提取层面厚度，从而达到自动评测目的，提高了公路路面评测的精度和效率，并通过计算机软件自动将评测结果保存为 Excel 电子表格文件中，达到永久保存的目的。

6.3.1　国家公路路面评测标准简介

1. 评测参数选取

不同等级路面具有不同评测参数，如表 6.1、表 6.2 和表 6.3 所示。

表 6.1　沥青混凝土面层和沥青碎（砾）石面层实测项目各项标准

项次	检查项目		规定值或允许偏差		检查方法和频率	权值
			高速公路 一级公路	其他公路		
1	压实度/%		试验室标准密度的 96%（＊98%） 最大理论密度的 92%（＊94%） 试验段密度的 98%（＊99%）		按附录 B 检查，每 200m 测 1 处	3
2	平整度	σ/mm	1.2	2.5	平整度仪：全线每车道连续按每 100m 计算 IRI 或 σ	2
		IRI/(m/km)	2.0	4.2		
		最大间隙 h/mm	—	5	3m 直尺：每 200m 测 2 处×10 尺	
3	弯沉值(0.01mm)		符合设计要求		按附录 I 检查	2
4	渗水系数		SMA 路面 200mL/min 其他沥青混凝土 路面 300mL/min	—	渗水试验仪：每 200m 测 1 处	2
5	抗滑	摩擦系数	符合设计要求	—	摆式仪：每 200m 测 1 处 横向力系数测定车：全线连续， 按附录 K 评定	2
		构造深度			铺砂法：每 200m 测 1 处	

续表

项次	检查项目		规定值或允许偏差		检查方法和频率	权值
			高速公路 一级公路	其他公路		
6	厚度 /mm	代表值	总厚度： 设计值的−5％ 上面层： 设计值的−10％	−8％H	按附录 H 检查 双车道每200m 测1 处	3
		合格值	总厚度： 设计值的−10％ 上面层： 设计值的−20％	−15％H	按附录 H 检查 双车道每200m 测1 处	1
7	中线平面偏位 /mm		20	30	经纬仪：每200m 测4 点	1
8	纵断高程/mm		± 15	± 20	水准仪：每200m 测4 断面	1
9	宽度 /mm	有侧石	± 20	± 30	尺量：每200m 测4 断面	1
		无侧石	不小于设计			
10	横坡/％		± 0.3	± 0.5	水准仪：每200m 测4 处	1

表 6.2　沥青混凝土面层和沥青碎（砾）石面层保证率表格

路面层次 ＼ 路面种类 保证率	基层	底基层	面层
高速路	99％	99％	95％
一级公路	99％	99％	95％
其他公路	95％	95％	90％

表 6.3　$\dfrac{t_\alpha}{\sqrt{n}}$ 值参数表

保证率 n	99％	95％	90％	保证率 n	99％	95％	90％
2	22.501	4.465	2.176	21	0.552	0.376	0.289
3	4.021	1.686	1.089	22	0.537	0.367	0.282
4	2.270	1.177	0.819	23	0.523	0.358	0.275
5	1.676	0.953	0.686	24	0.510	0.350	0.269
6	1.374	0.823	0.603	25	0.498	0.342	0.264
7	1.188	0.734	0.544	26	0.487	0.335	0.258
8	1.060	0.670	0.500	27	0.477	0.328	0.253
9	0.966	0.620	0.466	28	0.467	0.322	0.248
10	0.892	0.580	0.437	29	0.458	0.316	0.244
11	0.833	0.546	0.414	30	0.449	0.310	0.239

保证率 n	99%	95%	90%	保证率 n	99%	95%	90%
12	0.785	0.518	0.393	40	0.383	0.266	0.206
13	0.744	0.494	0.376	50	0.340	0.237	0.184
14	0.708	0.473	0.361	60	0.308	0.216	0.167
15	0.678	0.455	0.347	70	0.285	0.199	0.155
16	0.651	0.438	0.335	80	0.266	0.186	0.145
17	0.626	0.423	0.324	90	0.249	0.175	0.136
18	0.605	0.410	0.314	100	0.236	0.166	0.129
19	0.586	0.398	0.305	>100	$\dfrac{2.3265}{\sqrt{n}}$	$\dfrac{1.6449}{\sqrt{n}}$	$\dfrac{1.2815}{\sqrt{n}}$
20	0.568	0.387	0.297				

2. 评测算法设计

地质雷达在公路路面测厚评价中评价功能的实现步骤如下。

(1) 利用 6.2 节提供的算法获取需要评价的层位实测厚度数据。

(2) 用户要输入公路厚度的设计值。

(3) 选择路面的种类和层次，用来确定"保证率"。其中"路面种类"中包括"高速路"、"一级公路"、"其他公路"；"路面层次"包含的选项有"底基层"、"基层"、"面层"，如表 6.2 所示。

(4) 输入需要评测的里程范围，如 2~400 表示从 2km 到 400km 之间的路面。

(5) 参数计算。

首先计算实测公路的平均厚度值

$$\overline{X} = \frac{\displaystyle\sum_{i=1}^{n} X_i}{n} \tag{6.12}$$

其次，计算评价公路里程段的标准差

$$S = \sqrt{\frac{\displaystyle\sum_{i=1}^{n}(X_i - \overline{X})^2}{n-1}} \tag{6.13}$$

再次，计算厚度代表值

$$X_L = \overline{X} - \frac{t_a}{\sqrt{n}} S \tag{6.14}$$

式中，X_L 为厚度代表值（算术平均值的下置信界限）；$\overline{X}$ 为厚度平均值；S 为标准差；n 为检测点数；t_a 为 t 分布表中随测点数和保证率（或置信度 α）而变的系数，可查表 6.3。其中 n 为测试点的数目，通过 n 和已知的不同路面的保证率，求出 $\dfrac{t_a}{\sqrt{n}}$。

(6) 合格率的计算。计算准则：当厚度代表值 X_L 大于或等于设计厚度减去代表值允许偏差时，则按单个检查值的偏差不超过单点合格值来计算合格率；当厚度代表值 X_L 小于设计厚度减去代表值允许偏差时，相应该工程厚度施工评为不合格，合格率为 0。

（7）路面分值计算。根据路面是否合格以及合格后所得到的合格率，给路面打分。当公路不合格时，相应的合格率为 0，评分为 0；路面合格时根据得到的合格率来取同比例的分值作为其最终分值。

（8）Excel 表格的导入。将设计厚度（mm）、平均值（mm）、标准差（mm）、代表值（mm）、合格率（％）、评分（满分 20）等关键参数自动导入到 Excel 电子表格文件中。

6.3.2　软件框架设计

从总体功能角度，可以将评价解释分成四大功能模块。用户通过界面读取现有探地雷达测厚系统得到的数据，计算处理数据后，通过微软 COM 接口的 Office 操作接口层，完成对 Excel 报表建立功能的实现，如图 6.5 所示的实现流程。

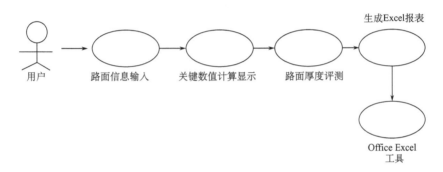

图 6.5　软件流程框架示意图

对系统四大功能模块的说明如下。

（1）信息输入部分：选择和输入所测量的路面的信息，其中包括设计厚度、选择路面种类、路面层次需要评测的里程范围。

（2）数值显示部分：通过读取面层厚度信息，通过计算将得出的厚度代表值、标准差等参数依次显示在用户界面上。

（3）评测部分：通过计算出的数值与《国家公路路面厚度标准》规定值进行对比获得相对误差，评测其合格与否，计算出相应的合格率，并且给出相应的分数，提供工程监理的意见，将结果显示在用户界面上。

（4）创建 Excel 报表：所有计算和评测结束后结果生成格式固定的 Excel 报表。

6.4　病害异常拾取解释

如何将异常病害通过人机交互在雷达剖面上拾取出来，并对测线上所有异常进行自动统计，对地质雷达资料解释具有如下意义：提高病害解释速度，方便对解释结果的后续修改，提高地质雷达解释精度。

本节提出了病害拾取技术的需求分析，通过设计严谨的数据结构、操作模式、用户交互界面，为基于雷达剖面的病害拾取功能提供了基础。

6.4.1　需求功能分析

在进行本系统设计之前，需要对完成功能的需求进行总结。主要包含以下四个方面。

1. 工具箱

工具箱提供了对异常标示图形元的选取。工具箱中的对象就是一个个图形元对象。图 6.6 是设计的工具箱。工具箱包含如下工具。

图 6.6　工具箱示意图

(1) 选择工具：用来选取异常对象。

(2) 矩形图元工具：建立矩形结构的异常对象。

(3) 线图元工具：包括斜、竖、横三种，用来建立线条异常病害分布的对象，如裂隙。

(4) 圆图元工具：用来建立圆形状的异常对象。

(5) 椭圆图元工具：用来建立椭圆形状的异常对象。

(6) 多边线折线图元工具：用来建立不规则边界，且未封闭形状的异常对象。

(7) 闭合多边线图元工具：用来建立不规则边界，且封闭形状的异常对象。

(8) 弧形图元工具：用来建立弧线异常对象。

(9) 删除工具：删除选定异常对象。

(10) 编辑开关：屏蔽工具箱功能。

其中选择工具用于选取视图区中异常区域，被选中的图形可以进行移动、删除等操作；编辑开关工具用于关闭和激活编辑状态。

2. 编辑功能

异常图形具有如下的编辑功能。

(1) 异常图形的移动、删除、复制、粘贴、放大和缩小功能。

(2) 异常图形的恢复最近操作功能。

3. 异常图形属性编辑功能

(1) 改变图形的线条属性（颜色，线宽，线形）。

(2) 改变图形的填充方式（颜色，样式，位图，无填充）。

(3) 改变图形所代表的实际对象说明（名称，描述，编号，可信度等）。

4. 文件的持久性

异常编辑对象文件的保存、打开和导出。

6.4.2　系统结构设计

1. 设计的目标及特点

采用面向对象的编程技术来操作、管理数据和图形，具有如下优点。

（1）充分体现了面向对象的思想并实现应用程序，特别是采用了企业模式设计思想。

（2）充分利用了 C＋＋的特性，如多态、继承和重载。

（3）类的抽象合理，特别是把交互操作功能封装在一个交互工具类中，使得类的设计新颖、灵活、容易扩展。

（4）程序结构清晰。

（5）程序容易扩展，因为图形元和操作都单独设计成类，因此，应用程序可以从图形元和操作这两方面扩展，而对其他部分没有任何影响。

2. 系统层次结构

根据上节所阐述的设计目标，系统的功能模块和层次结构如图 6.7 所示，分层介绍如下：

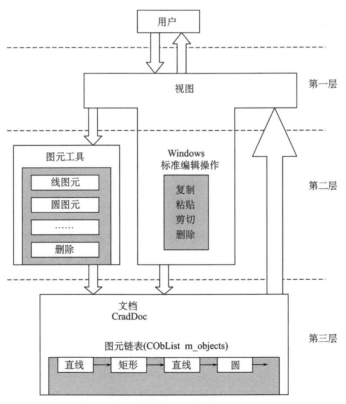

图 6.7　系统的功能模块和层次结构示意图

第一层：用户与系统交互层

这一层包含程序的视图模块，该模块定义了所有的用户与系统交互操作的接口。包括图形的绘制、编辑、文件的打印保存等功能的接口。

第二层：图形操作的实现层

这一层是整个系统的核心层次。在这一层中定义并实现了交互工具类，同时实现了图形编辑模块。图形的所有操作都在这一层中实现，它是用户通过与视图的交互过程对文档进行操作的中间层和工具。用户通过上一层（视图）定义的接口，调用本层中的交互工具和编辑功能，最终对文档数据进行修改。

第三层：文档数据层

这一层是整个系统的最底层。在这一层中，定义了图形元类和程序文档所保存的图形对象的数据结构，实现了每种图形元的序列化。

6.4.3　各模块功能结构的详细设计

1. 视图基类的设计

虽然直接从 CScrollView 派生视图类可以非常方便地实现滚动，但是对于交互绘图程序，这样做存在两个问题：一是应用程序 RadDraw 具有缩放功能，从而使它的滚动范围不好确定，在将来与图形数据显示的接口中，滚动范围也是不确定的；二是在缺省的设备描述表中，设备描述表为 16 位 GDI 兼容模式，所以它的逻辑坐标限定在 $-32768\sim32768$ 内，而大数据量剖面需要处理这个范围之外的值。所以我们采用从 CScrollView 派生一个新的滚动视图类 CRadDrawScrollView 的方法，通过实现这个类来解决以上问题；另外，在视图类中我们还需定义第二层和第三层的接口，即视图与图形元工具类的接口，这主要是通过重写 OnLButtonDown 和 OnMouseMove 两个函数来实现的；最后，将 Windows 标准编辑功能的定义包含在视图类中，因为这些标准编辑的接口是以菜单的形式提供给使用者，所以其处理函数在视图类中定义。

2. 文档数据对象的设计

1) 抽象图形元的设计

根据面向对象程序设计方法，将图形元的基本属性和方法归结为一个基类。基类包含图形的类型，绘制图形的颜色、线型和线宽，以及图形边界多边形。对于封闭图形，需要设定填充的颜色或者是图案和位图等信息。对于所有图形还需要设定的实际代表地质结构的属性。

设计图形元基类的目的是为了抽象不同图形类型的共同特性，提供所有图形类型使用的数据成员和成员函数，从图形元派生出不同的图形类，每一种派生的图形类仅实现自己使用的数据成员和成员函数，这样可以大大简化不同图形类的处理过程，也利于扩展新的图形类型。

图形元的基类是一个抽象类，它的派生类实现具体的图形元的存储，如直线、圆、椭圆、矩形、多边形、多边线（折线）等，通过图形元的基类指针来访问具体的图形元对象，其关系如图 6.8 所示。

2）图形元的数据结构

（1）数据成员。

不同的图形元有不同的位置信息，这些位置信息将作为各图形元特有的属性数据在各自的类中声明。图形元除了位置信息外，还需要保存它们的大小，也就是包含它们的边界矩形。保存图形元大小的目的是为了在进行图形元拾取时能够通过鼠标是否落在该矩形范围内来对图形进行粗略判断，即加速图形元的拾取速度。图形大小是图形元共有

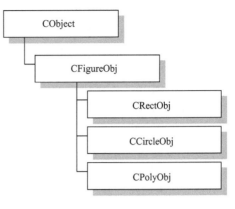

图 6.8　图形元的关系示意图

的属性，把它作为图形元基类 CFigurObj 的数据成员。

对于线形图，其线条都有颜色、线形、线宽等属性；对封闭图形，应该有填充模式、填充颜色等属性；同时，每个图形元操作后，都要修改文档，因此，还要定义一个 CRadDrawDoc 文档指针。

对于任何一个图形元，在基类 CFigurObj 申明中，定义如下结构：

```
typedef struct
{
    CRect m_position;               //图元的边界
    CSeimicDataDoc * m_pDocument;
    CRect m_Samppos;               //图元的边界对应的道数和样点数量
    BOOL m_bPen;                   //是否拾取了画笔
    LOGPEN m_logpen;              //画笔
    BOOL m_bBrush;                //是否拾取了画刷
    LOGBRUSH m_logbrush;         //画刷
    short m_nBrushType;          //画刷种类：0，无填充；1，颜色填充；2，图
                                   案填充；//3，位图填充
    char m_fillfilename[196];
    BOOL m_fillbmp;
    BOOL m_bTranslucence;        //是否半透明
    BOOL m_bFontTransparent;    //字体是否透明
    Shape m_nShape;              //图形种类
    COLORREF m_FontColor;
    bool m_nIsDisp;              //是否显示注释
    char m_nDescribe[256];
    Cshort m_nAttrnum;          //属性号，用来判断异常体是什么东西的
                                   反映
    char m_nAttrName[20];
```

```
    short m _ nNum；              //异常体的编号，目的用来区分不同的管线
    CRect m _ nTextRect；         // 注释文本框位置
    CRect m _ nSampRect；         //注释文本框对应的道数和样点数
    short m _ layer；             //层次
    short m _ nCredit；           //可靠性
} ExpData；
```

(2) 成员函数。

为了改变图形元绘制的颜色和填充颜色、填充模式，实现图形元的绘制功能以及计算图形的边界矩形确定，在图形元基类 CFigureObj 中声明 5 个虚成员函数，分别实现设定绘制图形的线的颜色、填充颜色、实现图形绘制和计算图形边界矩形确定。具体参见如下：

图形元基类声明文档 figureobj. h

```
class CFigureObj ：public CObject
{
…
public：
//构造函数
CFigureObj（const CRect& position）；
virtual ～CFigureObj（void）；

//实现函数
virtual void Serialize（CArchive& ar）；//序列化//绘制
virtual void Draw（CVisDrawView * pView = NULL，CDC * pDC = NULL）；
//重新计算图形元外接矩形
virtual CRect CalcBounds（CVisDrawView * pView = NULL）；
virtual int GetHandleCount（）；
virtual CPoint GetHandle（CVisDrawView * pView，int nHandle）；
CRect GetHandleRect（int nHandleID，CVisDrawView * pView）；
enum TrackerState { normal，selected，active }；
void DrawTracker（CVisDrawView * pView，CDC * pDC，TrackerState state）；
//操作函数
void Invalidate（）；
virtual void Remove（）；
virtual BOOL Intersects（CVisDrawView * pView，const CRect& rect）；
virtual BOOL IsSelected（CVisDrawView * pView，const CPoint& point）；
virtual int HitTest（CVisDrawView * pView，CPoint point，BOOL bSelected）；
virtual void MoveHandleTo（int nHandle，CPoint point，CVisDrawView *
pView = NULL）；
```

virtual void MoveTo（CPoint delta，CVisDrawView ＊ pView）；

double PointToPoint（CPoint pt1，CPoint pt2）；

…

｝；

可以看到在图形元基类的成员函数中包含许多虚函数，这些虚函数将在其派生类中被重写，以完成边界矩形的计算、图形的重绘、击中测试、选中测试等功能。各派生类所包含的图形种类和各派生类与基类的继承关系如图 6.9 所示。

特别需要指出的是，并不需要将每一种图形都抽象为一个图形元类，而是根据各种图形在保存和绘制时所需的属性和方法，从基类派生出矩形类、圆类和多边类三个派生类。其中矩形类和多边类都包含多个图形种类，但它们所保存的数据却在本质上是相同的。比如，多边形和多边线保存的都是各个顶点的数据。当然，当某种图元类所包含的图形种类过多时还是应当将其继续细分，派生出更深层次的类型，这样便于对数据的管理和程序的扩展。

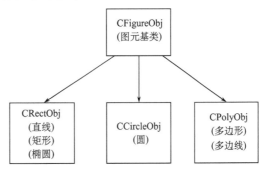

图 6.9　各派生类与基类的继承关系

3. 文档数据结构设计

RadDraw 实现一个绘图工具箱，用户通过选择工具箱中的图形工具在窗口中绘图，可以绘制直线、矩形、圆、椭圆、多边形和多边线等，文档由这些不同的图形类型组成。由于图形对象的个数不确定，我们需要一个数据结构来保存大量的数目不确定的对象，它必须比采用数组更健壮和灵活。

我们可以用 MFC 提供的集合类来管理文档数据，基于以下考虑我们选择类型指针型对象链表 CTypedPtrList 来管理文档数据。

基于模板的类具有更好的类型安全性，一个类型安全类只能保存同一种数据。而在图形数据中不采用数据字典的形式，因此采用链表来管理图形数据。表 6.4 对比了各种链表属性及功能。

表 6.4　各链表属性及功能

类	使用 C++模板	可序列化	可转储	安全类型
CObArray	否	是	是	否
CObList	否	是	是	否
CTypedPtrList	是	取决于类型＊	是	是

＊ CTypedPtrList 是模板，其数据体取决于实际应用中的类型。

　　这时我们有 CObjArray 和 CObList 的选择。CObList 类保存指针在双向链表中，允许双向搜索。我们需要在链表中移动图形对象。采用链表数据结构使插入删除移动对象更方便。因此我们选择 CObList。这样的选择既满足了不定量的图形对象需要用链表来表示，又满足了每个图形对象必须是一个 CObject 派生类的对象实例，同时还具有更好的安全性。最终形成的数据结构如图 6.10 所示。

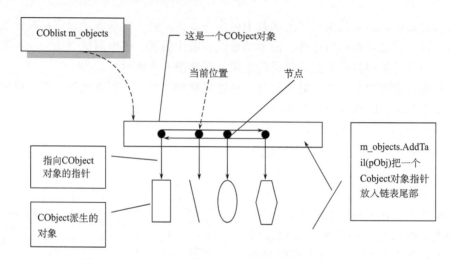

图 6.10　指针链表中的元素

下面给出遍历文档链表所有对象的实现：

POSITION pos＝m＿objects. GetHeadPosition（）；

While（pos！＝NULL）

｛

　　　CfigureObj ＊ pObj＝m＿objects. GetNext（pos）；

　　　PObj－＞Draw（pDC）；

｝

　　m＿objects 是一个 CObList 对象，代表一个链表。链表中的元素是 CObject ＊ 类型。但在实际运行时，可以把基类的指针指向派生类的对象，我们从 CObject 派生出了 CFigureObj，然后从 CFigureObj 派生出 CRectObj、CCircleObj、CPolyObj。实际上，CObList 是由这些对象构成的链表。

　　1）RadDrawDoc 的成员变量

　　除已经定义的文档链表对象 m＿Objects 外，文档还需要设定背景颜色、大小、映射模式等特性，我们定义 COLORREF、CSize、int 类型的变量分别记录上述 3 个文档特性，在文档中声明下面受保护的成员变量：

文档类声明文档 RadDrawDoc. h

class CRadDrawDoc：public Cdocument

```
{
    …
protected：
COLORREF m _ paperColor；　//文档背景颜色
Csize m _ size；　　　　　　//文档大小
int m _ nMapMode；　　　　　//映射模式
    …
}
```

2）RadDrawDoc 的成员函数

在 MFC 生成的 RadDrawDoc 的成员函数中，我们需要重写其中的析构函数和序列化函数。析构函数的作用是在程序终止时释放对象，把链表清空，其代码如下：

文档类实现文档 VisDrawDoc. cpp

```
CRadDrawDoc：：～CRadDrawDoc（）
{
    POSITION pos＝m _ objects. GetHeadPosition（）；
    while（pos！＝NULL）
    delete m _ objects. GetNext（pos）；
}
```

而对于序列化函数，由于我们保存的是一个个的对象，而不同的对象需要保存的数据成员是不相同的，因此，对象的实际数据应该在对象的序列化函数中保存，而在文档序列化函数中，要对每个对象进行序列化，只需调用每个对象的序列化函数即可。

除此之外，还须为 RadDrawDoc 加入下面一些成员函数，已完成对对象链表的操作：

文档类实现文档 RadDrawDoc. cpp

```
class CRadDrawDoc：public CDocument
{
    …
    // 属性
    public：
        CFigureObjList * GetObjects（）｛ return &m _ objects；｝ //取对象链表
        const CSize& GetSize（）const｛ return m _ size；｝ //获得文档对象的大小
        void ComputePageSize（）；//计算文档对象的大小
```

```
COLORREF GetPaperColor () const { return m _ paperColor; } //取
背景颜色操作
public：
    void Draw (CDC * pDC，CVisDrawView * pView)；//绘制对象
    void Add (CFigureObj * pObj)；//在链表的尾部加入对象
    void Remove (CFigureObj * pObj)；//去掉特定对象
    …
}
```

6.4.4 交互工具模块的设计

1. 概述

在视图类中实现的图形交互操作，是把调用操作的对象与实现操作的对象相互耦合，如果要添加一个新的操作，往往需要改动已有的代码，这对程序的扩展是致命的缺陷。

利用面对对象开发模式，可以将操作封装成类，把调用操作的对象与实现该操作的对象解耦，从而实现独立和可扩展的交互操作类的层次结构。

交互操作的模式通过把操作本身变成一个对象，实现工具箱对象可向未指定的应用对象提出请求。这个对象可被存储并像其他的对象一样被传递。这一模式的关键是抽象一个操作工具类 CDrawTool，它定义了图形交互操作的鼠标消息接口，CDrawTool 的子类实现各自的鼠标消息。这个模式的抽象模型如图 6.11 所示。

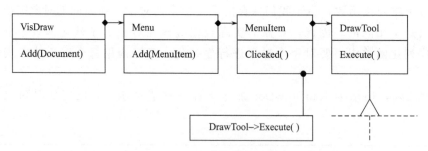

图 6.11　交互操作抽象模型

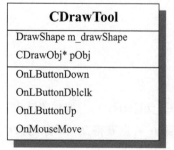

图 6.12　鼠标消息

在图 6.11 中，交互操作工具只定义了一个接口 Execute。在具体设计时，根据需要可以定义多个接口。一般交互操作需要处理的鼠标消息有 4 个，如图 6.12 所示。

在 CDrawTool 基础上，可以派生出具体的交互操作工具类，如矩形操作工具 CrectTool，多边形工具 CPolyTool 等，如图 6.13 所示。

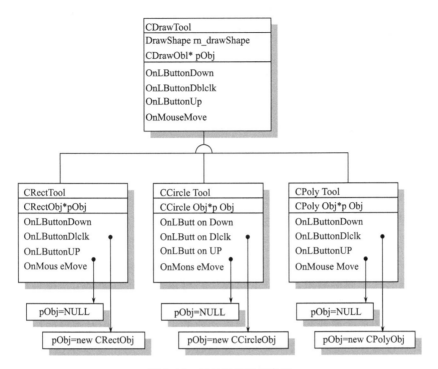

图 6.13　工具类关系示意图

在这些具体的工具类中各自实现了鼠标处理函数。因为鼠标处理函数在基类 CDrawTool 中定义为虚拟函数，定义一个对象链表，则可把所有具体操作工具的指针加到这个链表中，如图 6.14 所示。

当我们选择了某种工具的名称，就可以在工具指针链表中查找该图形工具指针，取出查到的该工具指针，然后通过该指针调用相应的鼠标消息。

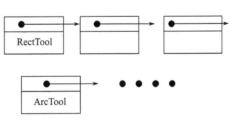

图 6.14　图元操作链表示意图

CPrtList c _ tool；

C _ tools. AddTail（this）

交互工具将完成绘图和图形编辑两个 RadDraw 的重要功能，具体设计如下。

2. 绘图功能模块设计

采用橡皮筋效果的鼠标绘图。其绘图过程是，选择一种绘图工具，然后在视图窗口的某个位置按下鼠标左键，确定绘图的初始位置，然后移动鼠标，图形将在移动过程中绘出，当鼠标位置到达合适的位置后，再次按下鼠标左键，结束绘图。图形将在初始位置和结束位置间被绘出。

在此过程中需要相应的鼠标消息及其对应步骤如下。

（1）开始绘图：对应于 WM _ LBUTTONDOWN 消息；

（2）鼠标拖动：对应于 WM＿MOUSEMOVE 消息；

（3）结束绘图：对应于 WM＿LBUTTONDOWN 消息。

橡皮筋效果是交互绘图过程中，对未来交互结果随鼠标或键盘的动态显示。橡皮筋技术在创建图形时给用户提供可视化反馈。现在流行的绘图程序都是用了橡皮筋技术来创建图形元。

3. 图形拾取、修改、移动功能模块的设计

图形的编辑功能将在从绘图工具基类 CDrawTool 派生出的图形拾取工具类 CSelectTool中完成。其需要完成的动作有：

（1）用户单击图形特定区域，如果有被选中的图形，把该图形放到选择集中；

（2）如果按下鼠标左键的同时按下 Shift 键，将依次选中多个图形；

（3）如果选择集不为空，在视图区按下鼠标左键，则选择集将被清空；

（4）对于被选中的图形，可以用选择工具拖到其他位置；

（5）在只有一个图形对象被选择的情况下，可以按鼠标右键弹出快捷菜单，选择快捷菜单上的命令对该图形对象进行操作。

在用鼠标对图形的形状和位置进行编辑之前需先实现用鼠标对图形的拾取功能。图形拾取需要通过选择工具设定选择模式，在这种模式下，用户可以单击图形来选择它，被选中的图形涌现是图形关键点（手柄）的形式来表示，如图 6.15 所示。

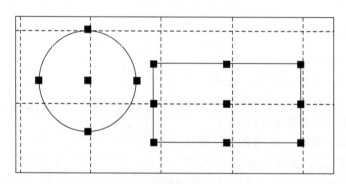

图 6.15　拾取功能手柄示意图

图形元素的拾取操作方法有多种，可以点选，也可以用区域选中。点选可以通过按下 Shift 键进行多个图形对象的选择，也可以对被选中图形进行反选中，即按下 Shift 键，在被选中的图形上单击，被选中的图形就变成未选中。

当在视图上按下鼠标左键，得到鼠标点位置坐标，将这个坐标转化为实际坐标后，判断该点是否落在图形对象的边界矩形内。如果落在图形对象的边界矩形内，再判断鼠标点是否在图形边界的给定范围内，如果在则该图形对象被选中，否则判断下一个图形对象。

区域选择方法是，按下鼠标左键，拖动画一个矩形区域，判断这个区域的矩形范围是否与图形对象的边界矩形相交，如果相交，则这个（些）图形对象被选中。

　　图形拾取功能的关键是确定图形边界矩形以及判断鼠标点是否在图形对象边界一定的范围内。另外拾取操作还要完成修改图形、移动图形的功能。

　　修改图形是指拖动某个图形的关键点来改变图形大小的操作。其实现过程设计如下：

　　(1) 在视图区移动鼠标，如果选择集非空且被拾取图形个数为 1，则测试鼠标点是否在该被拾取图形元的某个关键点矩形内；

　　(2) 如果鼠标落在被拾取图形元关键点矩形内，单击鼠标左键，拾取状态变为 size；

　　(3) 移动（释放或压下）鼠标左键，被拾取图形改变大小，同时画橡皮筋效果图；

　　(4) 把关键点移动到某个位置后，单击鼠标左键，修改该点坐标，重新计算图形参数，然后刷新视图。

　　从以上操作过程看，需要完成定义关键点击中测试函数、移动关键点函数、视图区橡皮筋效果图等几方面工作。

　　移动图形，即平移图形，就是把选择集中所有图形移动到指定位置。图形平移操作有两种形式，一种是当击中特定关键点时，移动鼠标，图形发生平移；另一种操作是，当选择集非空时，在非关键点点下鼠标左键并拖动鼠标使图形发生平移。

4. 图形对象的编辑

　　弹出式菜单显示常用命令，它们可以是对指针位置敏感的上下文。在应用程序中使用弹出式菜单要求生成菜单本身然后将其连接到应用程序代码。可以在 RadDraw 中实现如下的弹出式菜单，如图 6.16 所示，以完成图形的快速编辑。

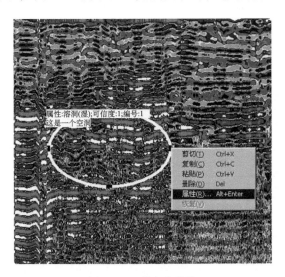

图 6.16　弹出式菜单

5. 图形对象的属性编辑

　　在图 6.16 弹出菜单中，选取属性功能，就可以实现对图形对象属性的编辑，如图 6.17 所示。

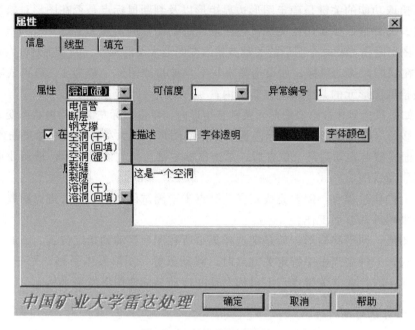

图 6.17   属性编辑对话框

在属性编辑对话框中有三个标签：信息标签、线型标签和填充标签。

（1）信息：主要用来控制图元对应的异常类型、编号等，是代表异常类型的标签。

（2）线性：主要用来控制图元的颜色、线型等。

（3）填充：用来填充异常区，可以用颜色填充、图案填充和图像文件填充。

6.4.5   异常病害的导出

通过创建列表，将拾取的异常信息自动导出如表 6.5 所示的结构。

表 6.5   异常导出列表

序号	异常编号	起始里程	终止里程	起始深度	终止深度	属性	描述	形态	可信度
1	2	68＋754.9	68＋756.5	5.25	6.55	溶洞（湿）	空洞	矩形	1
2	1	68＋761.3	68＋761.3	3.58	6.4	裂隙	垂直分布	直线形	1

表中可信度是对异常信任度的参考。

通过表 6.5 的统计结果，非常方便提交检测结果。异常深度和里程参数可以按照异常矩形框边界自动函数完成计算。

6.5   铁路路基病害 CAD 成图解释

利用 6.3 节和 6.4 节提供的功能，可以获取路基层位厚度和病害异常分布等参数。铁路路基雷达检测绘图软件设计应满足铁路路基地质雷达快速检测的需求，其中检测报告成果图绘制、异常病害统计报表编制、统计汇总的时效和质量都需要研究内容。

　　所谓二次开发指的是在软件商提供的基本功能之上，为新增功能而做的开发工作。有些时候这项工作是企业真正能够发挥软件功能的必经之路，因为企业往往由于一项特殊的功能要求而影响整个工作的流程，而这个功能有时候又是原来系统中所没有提供的。铁路选线是一个涉及多个专业的综合性规划设计工作，需要考虑政治、经济、技术等各方面的统一。为了有效地使用计算机进行辅助设计，需要利用计算机硬件和支撑软件系统所提供的功能，由少数既掌握计算机应用技术又懂得产品设计的人员开发出铁路选线产品的 CAD 接口软件模块，即进行所谓的线路 CAD 应用软件的二次开发。经二次开发后的 CAD 应用软件具有良好的人机界面，并融入了大量专业人员的经验，使一般的设计人员能够使用计算机进行选线设计，从而提高设计效率和质量。

　　自从 20 世纪 70 年代初商品化的 CAD 系统问世以来，CAD 技术的发展就一直十分迅速。尤其是 20 世纪 80 年代初工作站型计算机的问世，使得 CAD 技术迅速进入普通工程师的办公室。20 世纪末，在美国、日本等发达国家的很多土木工程部门和机械工业设计部门就已采用了 CAD 技术，目前，凡设计部门几乎 100% 都使用了 CAD 技术，这使得设计人员把更多的精力投入到产品设计和开发的创造性工作中。

　　CAD 技术在我国建筑工程业的应用深度和广度与发达国家相比，差距并不显著。我国自主版权的 CAD 支撑软件及其应用软件，已能满足我国企业"甩掉图板"的要求，并已形成了一定的产业规模。

　　近几年来，由于计算机技术和其他相关技术突飞猛进的发展，CAD 技术正向着开放、集成、智能和标准化的方向发展。

　　如何将对铁路路基探测结果转换为 CAD 标准图件，这对成果保存和指导施工均有重要意义。

6.5.1　铁路路基结构

　　铁路路基结构主要分为三种：混凝土轨枕路基、隧道整体道床路基、隧道混凝土轨枕（含宽枕）路基，如图 6.18、图 6.19 和图 6.20 所示。

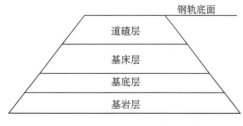

图 6.18　混凝土轨枕路基结构

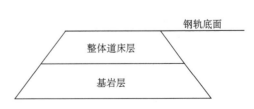

图 6.19　隧道整体道床路基结构

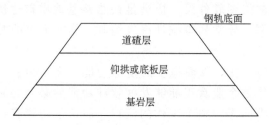

图 6.20　隧道混凝土轨枕（含宽轨）路基结构

6.5.2　铁路路基病害种类

1. 铁路路基病害

（1）道碴陷槽：道碴下陷形成的病害。

（2）道床翻浆冒泥：当道碴内的泥土杂物含水量超过饱和状态和路基表层的黏土受地表水和地下水的影响逐渐泥化时，经过列车荷载的反复振动、挤压和抽吸，使泥浆通过道床向上翻冒。

（3）基床软化下沉：基床土在水及动力作用下发生局部或大面积下沉或软化，使道碴压入基床，产生积水现象，并使线路水平产生变化。

（4）基底软化下沉：一般为溶洞产生坍塌或水的反复浸泡引起的路基下沉和破坏。

2. 隧道路基病害

（1）道碴陷槽：与铁路路基相同。

（2）道床翻浆冒泥：与铁路路基相同。

（3）整体道床裂损：在洞内铁路，由于排水不良，造成土质和软岩地基的基床翻浆冒泥，整体道床下沉产生裂损病害，导致道床不稳固，铁路轨距水平变形超限，影响运输及安全。

（4）仰拱或底板裂损：仰拱或底板内产生的裂痕及破损现象。

（5）吊空充泥充水：路基基础被水或空气充填。

（6）基底软化下沉：与铁路路基相同。

6.5.3　功能性需求

铁路路基雷达检测绘图软件应包括检测报告成果图绘制功能。

根据路基的三种结构，需要设计三种成果图模板，绘制成果图前应选择路基结构类型。设计软件应能够根据同段路基的测线数绘制一个或多个检测剖面在同一张图上，以便于对比。用下拉菜单选择绘制一个或多个剖面；能够选择局部区段进行各测线结构层的厚度、病害比较。

成果示意图如图 6.21 所示，图中只有一条测线的检测成果剖面，当绘制多个测线的检测成果剖面时，可上下排列检测成果剖面。

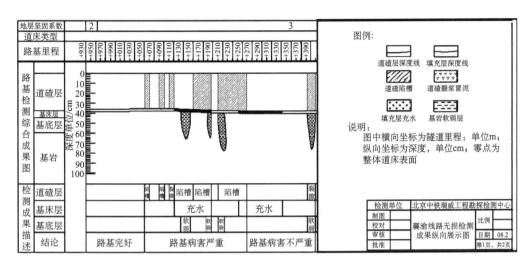

图 6.21　路基检测成果图框架示意图

成果图绘制应包括以下几个部分。

（1）检测成果剖面图（地质剖面图）：左边部分为文字标注，根据路基结构从表层到深层表示，各层对应的设计深度；右边部分为纵向深度坐标及综合成果图。

（2）检测成果描述：先描述路基各层的病害情况，应与上面的里程标、成果图中相应病害范围对应；再对路基进行评价得出结论。

（3）图例、图框、说明：图例包括路基各结构层深度、病害图例。

1. 路基检测成果剖面图（地质剖面图）

（1）绘制路基结构深度曲线：根据路基结构不同，可以选用三种模板或采用自定义模板。

a. 混凝土轨枕路基结构：包括道碴层、基床层、基底层三层深度线；

b. 隧道整体道床路基结构：包括整体道床一层深度线；

c. 隧道混凝土轨枕（含宽枕）路基结构：包括道碴层、仰拱或底板层二层深度线。

（2）绘制病害闭合曲线并填充病害区域：针对常见的多种病害，建立病害图例库，以便于病害边界线的绘制和病害区域的填充。对于不同的路基结构，对应的主要病害如下。

a. 混凝土轨枕路基结构：病害包括道碴陷槽、道床翻浆冒泥、基床软化下沉、基底软化下沉四种；

b. 隧道整体道床路基结构：病害包括整体道床裂损、吊空充泥充水、基岩软化三种；

c. 隧道混凝土轨枕（含宽枕）路基结构：病害包括道碴陷槽、道床翻浆冒泥、仰拱或底板裂损、吊空充泥充水、基岩软化等五种。

2. 检测成果描述

对照相应的里程、检测成果剖面图中的病害，进行路基各结构层病害描述。

3. 图例、说明、图框

如图 6.21 所示，检测成果图应有图例、说明及图框。

6.5.4　开发模型设计

开发模型如图 6.22 所示。

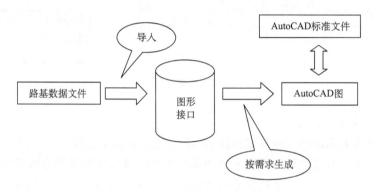

图 6.22　开发模型的系统功能图

此次接口设计将路基数据文件按照 AutoCAD 标准化进行显示。图中左侧是数据文件，是接口可以识别的、处理的文件。右侧是文件经处理、以 AutoCAD 的标准化方式的导出文件。

1. 功能要求

首先，要能实现路基文件的导入。

其次，此次设计的最终的输出结果是检测报告成果图绘制，包括以下三个部分。

(1) 路基检测成果剖面图绘制：绘制路基结构层实测深度曲线；绘制病害闭合曲线并填充病害区域。

(2) 检测成果描述绘制：对相应的里程、检测成果剖面图中的病害，进行路基各结构层病害描述。

(3) 图例、说明、图框绘制：图例包括路基各结构层深度、病害图例和单位时间等信息。

2. 设计目标

接口的设计需要满足以下目标：

(1) 良好的交互方式；

(2) 实用可靠，满足绘图速度要求；

（3）模块化，易于升级和维护。

6.5.5　应用效果

1. CAD 接口数据生成

生成 CAD 接口数据，如图 6.23 所示。

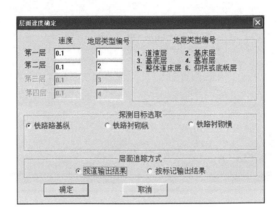

图 6.23　CAD 接口数据界面

2. AutoCAD 环境下接口数据操作

利用图 6.23 生成的数据通过开发的 CAD 接口程序导入到 CAD 数据库中，如图 6.24 所示。

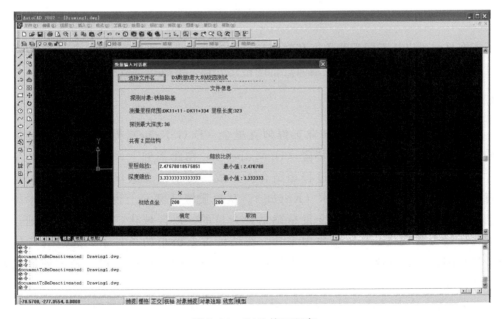

图 6.24　CAD 接口程序

3. AutoCAD 图形生成

按"确定"按钮后，生成 AutoCAD 图形文件，如图 6.25 所示。

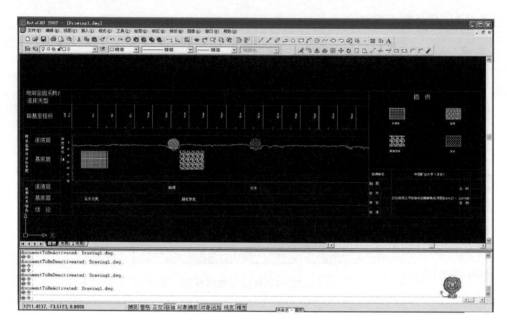

图 6.25　CAD 图形结构

6.6　三维解释

三维显示可以从不同观测角度和时间切片上对地下目标体进行解释。三维数据需要通过克里金估值技术对平面侧线剖面进行网格化处理，形成三维数据体。

6.6.1　克里金估值技术

克里金估值技术是由南非矿业工程师克里金（D. G. Krige）提出的金矿品位最佳内插方法，后来法国数学家马特隆（G. Matheron）在此基础上，继承和发展这一方法，并与数理统计与随机变量过程相结合而形成。为了纪念这项技术的先驱，马特隆将这门技术命名为克里金技术（Kriging）。从地质统计意义上说，克里金技术的实质是以在有限空间内对区域化变量精确估计为目的，以区域化空间结构为基础，以区域化变量为核心，以变异函数为工具，在估计方差极小的条件下，通过对待估块段影响范围内的所有样品进行加权来估计待估块段中的区域变化量，是一种最优的无偏估计量。

克里金法，包括普通克里金方法（对点估计的点克里金法和对块估计的块段克里金法）、泛克里金法、协同克里金法、对数正态克里金法、指示克里金法、析取克里金法等，随着克里金法与其他学科的渗透，形成了一些边缘学科，发展了一些新的克里金方法。如与分形的结合，发展了分形克里金法；与三角函数的结合，发展了三角克里金法；与模糊理论的结合，发展了模糊克里金法等。

利用克里金估计技术解决空间估计问题大体可分为三个步骤：

（1）区域化变量的选取。将所研究的空间变量与一个随机函数 $Z(x)$ 相对应，将该空间变量在 $x_1, x_2, \cdots, x_n$ 等处的观测值 $z(x_1), z(x_2), \cdots, z(x_n)$ 分别视为 $Z(x_1), Z(x_2), \cdots, Z(x_n)$ 的一个现实。

（2）利用估计理论，根据 $Z(x_1), Z(x_2), \cdots, Z(x_n)$ 对随机函数 $Z(x)$ 在 x_0 的随机变量进行估计，关键是建立函数关系。

（3）将观测值 $z(x_1), z(x_2), \cdots, z(x_n)$ 代入所建立的函数关系中，从而得到估计值 $Z^*(x_0)$ 。

1. 区域化变量

当一个变量呈空间分布时，就称之为区域化变量，这种变量反映了空间某种属性的分布特征：矿产、地质、海洋、土壤、气象、水文、生态、温度、浓度等领域都具有某种空间属性。区域化变量具有双重性，在观测前区域化变量是一个随机场，观测后是一个确定的空间点函数值。

区域化变量具有两个重要的特征：一是区域化变量 $Z(x)$ 是一个随机函数，它具有局部的、随机的、异常的特征；二是区域化变量具有一般的或平均的结构性质，即变量在点 X 与偏离空间距离为 h 的点 $X+h$ 处的随机量 $Z(x)$ 与 $Z(x+h)$ 具有某种程度的自相关，而且这种自相关性依赖于两点间的距离 h 与变量特征。在某种意义上说这就是区域化变量的结构性特征。

2. 克里金方程组的建立

设 $Z(x)$ 为区域化变量，其数学期望为 m ，协方差函数为 $c(h)$ ，即

$$E[Z(x)] = m \tag{6.15}$$

$$C(h) = E[Z(x)Z(x+h)] - m^2 \tag{6.16}$$

在待估区段 V 的邻域内，有一组 n 个已知样本 $v(x_i)(i = 1, 2, \cdots, n)$ ，其实测值为 $Z(x_i)(i = 1, 2, \cdots, n)$ 。克里金方法的目标是求一组权重系数 $\lambda_i(i = 1, 2, \cdots, n)$ ，使得加权平均值

$$Zv^*(x) = \sum_{i=1}^{n} \lambda_i Z(x_i) \tag{6.17}$$

成为待估块段 V 的平均值 $Zv(x_0)$ 的线性、无偏最优估计量，即克里金估计量。为此，要满足以下两个条件：

（1）无偏性。要使 $Zv^*(x)$ 成为 $Zv(x)$ 的无偏估计量，即 $E[Zv^*] = E[Zv]$ ，当 $E[Zv^*] = m$ 时，也就是当 $E[\sum_{i=1}^{n} \lambda_i Z(x_i)] = \sum_{i=1}^{n} \lambda_i E[Z(x_i)] = m$ 时，则有 $\sum_{i=1}^{n} \lambda_i = 1$ ，

这时，$Zv^*(x)$ 是 $Zv(x)$ 的无偏估计量。

（2）最优性。在满足无偏性条件下，估计方差 δ_E^2 为

$$\delta_E^2 = E[Zv - Z^*v]^2 = E[Zv - \sum_{i=1}^{n} \lambda_i Z(x_i)]^2 \tag{6.18}$$

由方差估计可知

$$\delta_E^2 = C(x_0, x_0) + \sum_{i=1}^{n}\sum_{j=1}^{n} \lambda_i \lambda_j C(x_i, x_j) - 2\sum_{j=1}^{n} \lambda_j C(x_0, x_j) \tag{6.19}$$

为使估计方差 δ_E^2 最小，根据拉格朗日乘数原理，令估计方差

$$F = \delta_E^2 - 2\mu(\sum_{i=1}^{n} \lambda_i - 1) \tag{6.20}$$

对式（6.20）求参数 μ、λ 的偏导，并令其为 0，得克里金方程组

$$\begin{cases} \dfrac{1}{2}\dfrac{\partial F}{\partial \lambda} = \sum_{i=1}^{n} \lambda_i C(x_i, x_j) - \mu - C(x_0, x_j) = 0, & j = 1, 2, \cdots, n \\ \dfrac{1}{2}\dfrac{\partial F}{\partial \mu} = -\left(\sum_{i=1}^{n} \lambda_i - 1\right) = 0 \end{cases} \tag{6.21}$$

整理后得

$$\begin{cases} \sum_{i=1}^{n} \lambda_i C(x_i, x_j) - \mu = C(x_0, x_j) = 0, & j = 1, 2, \cdots, n \\ \sum_{i=1}^{n} \lambda_i = 1 \end{cases} \tag{6.22}$$

解上述 $n+1$ 阶线性方程组，求出权重系数 λ_i 和拉格朗日乘数 μ，并代入公式，经过计算可得克里金估计方差 δ_E^2，即

$$\delta_E^2 = C(x_0, x_0) - \sum_{i=1}^{n} \lambda_i C(x_0, x_j) + \mu \tag{6.23}$$

为了确定克里金方程组的系数矩阵和右端项，就必须求出取随机变量的 $Z(x_i)$ 和 $Z(x_j)$ 的协方差 $C(x_i, x_j), i, j = 0, 1, 2, \cdots, n$。然而要直接利用观测数据 $z(x_1), z(x_2), \cdots,$ $z(x_n)$ 求取 $C(x_i, x_j), i, j = 0, 1, 2, \cdots, n$ 几乎不可能。

3. 二阶平稳

如果定义在 Ω 的随机函数 $Z(x)$ 满足如下的两个条件。

（1）随机变量 $Z(x)$ 的数学期望是一个常数，即有

$$E[Z(x)] = m, \qquad \text{对于任意的 } x \in \Omega$$

（2）每一对随机变量 $Z(x)$ 和 $Z(x+h)$ 之间存在协方差，且协方差仅依赖于两点之间的向量差 h，即有

$$C(h) = E\{\{Z(x+h) - E[Z(x+h)]\}\{Z(x) - E[Z(x)]\}\} = E[Z(x+x)Z(x)] - m^2$$

则称 $Z(x)$ 是二阶平稳的。二阶平稳的条件有利于简化随机函数 $Z(x)$ 的协方差的

结构,从而为确定克里金方程组的系数创造了条件。这样式(6.22)可改为

$$\begin{cases} \sum_{i=1}^{n} \lambda_i C(x_i - x_j) - \mu = C(x_j - x_0), & j = 1,2,\cdots,n \\ \sum_{i=1}^{n} \lambda_i = 1 \end{cases} \tag{6.24}$$

4. 变异函数

由于计算 $C(x_i - x_j)$ 和 $C(x_j - x_0)$ 必须知道 $E[Z(x_i)]$ 的数值 m ,所以式(6.24)的克里金方程组的系数仍然无法直接求取,所以引进变异函数的概念。变异函数作为随机变量 $[Z(x_1) - Z(x_2)]^2$ 的数学期望,可定义为

$$2\gamma(x_1,x_2) = E\{[Z(x_1) - Z(x_2)]^2\} \tag{6.25}$$

当随机变量 $Z(x)$ 是二阶平稳时有

$$\begin{aligned} \gamma(x_1,x_2) &= \frac{1}{2} E\{[Z(x_1) - Z(x_2)]^2\} = \frac{1}{2} E\{\{[Z(x_1) - m] - [Z(x_2) - m]\}^2\} \\ &= \frac{1}{2} E\{[Z(x_1) - m]^2\} + \frac{1}{2} E\{[Z(x_2) - m]^2\} \\ &\quad - \frac{1}{2} E\{[Z(x_1) - m] - [Z(x_2) - m]\} \\ &= C(0) - C(x_1,x_2) \end{aligned} \tag{6.26}$$

再进一步就有

$$\gamma(x_1 - x_2) = \gamma(x_1 - x_2) = C(0) - C(x_1 - x_2) \tag{6.27}$$

将式(6.27)代入式(6.24)得

$$\begin{cases} \sum_{i=1}^{n} \lambda_i \gamma(x_i - x_j) + \mu = \gamma(xj - x_0), & j = 1,2,\cdots,n \\ \sum_{i=1}^{n} \lambda_i = 1 \end{cases} \tag{6.28}$$

利用变异函数作为克里金方程组的系数,可以不必求取随机变量 $Z(x)$ 的数学期望 $E[Z(x_i)], i = 1,2,\cdots,n$ 。

5. 变异函数模型

常见的变异函数模型有:

(1) 球状模型

$$\gamma(h) = \frac{3}{2} \cdot \frac{h}{a} - \frac{1}{2} \cdot \frac{h^3}{a^3}, \quad h \in [0,a] \tag{6.29}$$

$$\gamma(h) = 1, \quad h > a$$

式中, a 为变程。

（2）指数模型

$$\gamma(h) = 1 - \exp(-\frac{h}{a}) \tag{6.30}$$

式中，a 为常数，由于 $1 - \exp(-3\frac{a}{a}) = 1 - \exp(-3) \approx 0.95 \approx 1$ ，因此指数模型的实际变程为 $3a$ 。

（3）高斯模型

$$\gamma(h) = 1 - \exp(-\frac{h^2}{a^2}) \tag{6.31}$$

其变程为 $\sqrt{3}a$ 。

（4）纯块金效应模型

$$\begin{cases} \gamma(h) = 0, & h = 0 \\ \gamma(h) = 1, & h > 0 \end{cases} \tag{6.32}$$

6. 变异函数的建立

根据探地雷达采集的数据特点：沿某一直线采集且采集间隔均相同。我们建立试验变异函数。

设在某一方向上探地雷达均匀间隔采样，在 x_i 处的地球物理特征值为 $z(x_i)$，共有 n 个采样点，其中设 $h(a)$ 表示长度为 a 的向量，则可按如下步骤建立变异函数。

（1）计算先验方差和数学期望，公式为

$$数学期望 \qquad m = \frac{1}{n} \sum_{i=1}^{n} Z(x_i) \tag{6.33}$$

$$先验方差 \qquad \sigma^2 = \frac{1}{n-1} \sum_{i=1}^{n} [z(x_i) - m]^2 \tag{6.34}$$

（2）根据不同的间隔（ka，$k = 1, 2, \cdots, n-1$）计算各个间隔上的变异函数 $\gamma^*(ka)$。公式为

$$\gamma^*(ka) = \frac{1}{n-1} \sum_{i=1}^{n-1} \{Z[x_0 + ih(a)] - Z[x_0 + (i-k)h(a)]\}^2 \tag{6.35}$$

式中，$k = 1, 2, \cdots, n-1$ 。

7. 理论变异函数的拟合

如何根据试验变异函数来选择变异函数的理论模型及其参数，称之为对试验变异函数的拟合。理论变异函数的拟合可以按照以下步骤进行。

（1）理论模型的选取：在进行拟合之前，必须选取一种变异函数的理论模型。对大多数的变量，可以选择有台基的变异函数理论模型，如果观测点不够充分，尽量选取在原点处为线性性状的球形模型或指数模型，因为这两种理论模型对应的估计比较稳健。

而抛物线模型对应的估计结果比较灵敏。

（2）理论模型的参数的选取：为了确定一个理论变异函数，在选定模型类型以后，关键就是确定相应的参数，即块金常数、基台值和变程等。以球状模型和用最小二乘法拟和为例说明理论变异函数的参数的选取。块金值 C_0 可以由自变量 a 在零点附近的试验变异函数的若干个点的线性性状外推到纵坐标而得到；基台值可以通过试验变异函数曲线的涨落的点进行拟合选定，由于 $C(0) = \text{var}[z(x)] = \sigma^2$，先验方差可以由式（6.34）得到，所以基台值的估计就是随机函数的先验方差；理论模型的变程大小主要根据试验函数曲线在何时达到基台值而确定。理论变异模型是否合理，直接影响克里金估计结果的可靠性，因此拟合所得到的理论变异函数，通常还需要作进一步的检验。常用的方法是交叉验证法。

8. 克里金估值算法的流程图

克里金估值算法流程如图 6.26 所示。

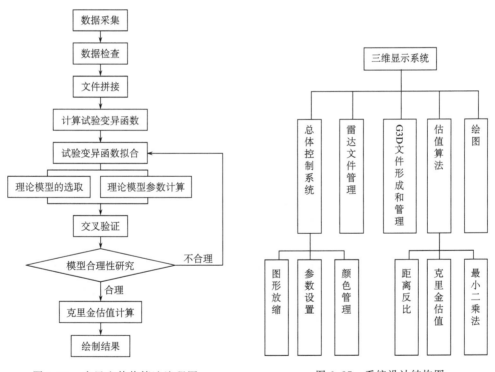

图 6.26　克里金估值算法流程图　　　　　图 6.27　系统设计结构图

6.6.2　系统的结构设计

在实现过程中，根据系统的功能需求把系统分为如图 6.27 所示的一些模块。

总体控制系统模块：该模块含有图形缩放、参数设置、颜色管理三个子模块，其中，图形放缩模块是根据需要对图形放大或缩小 1.5 倍；参数设置模块是对要显示的图形采取何种方式的参数进行设置；颜色管理是对图形的颜色进行设置和管理，另外该模块还具有图形的存取和对 G3D 文件的读取管理。

雷达文件管理模块：该模块是对雷达采集的原始数据进行管理，同时负责把原始的雷达文件转化为项目管理文件（.prj 文件），并对各测线的坐标进行设定和管理。

G3D 文件形成和管理模块：负责把项目管理文件转化为 G3D 文件（其流程见图6.28），进行参数设置、网格划分和 G3D 文件的管理。因为雷达采集的数据为单剖面文件，要想利用雷达文件进行数据拟合，则在拟合之前，把各个雷达文件转化为拟合所需要的 G3D 文件至关重要，也是程序的重点内容之一。把雷达文件转换为 G3D文件的前提为①在采集时雷达文件的所有参数的设置应该相同，否则用其转换后的

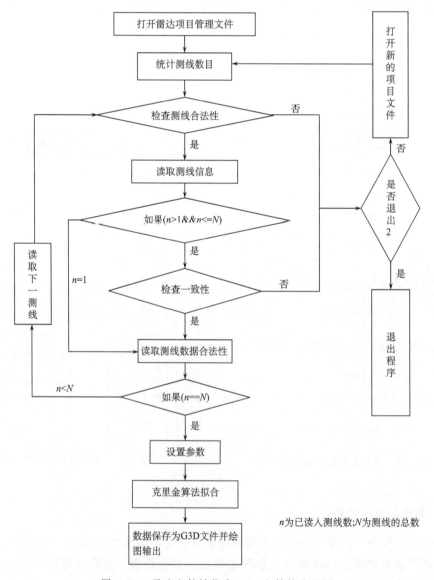

n 为已读入测线数; N 为测线的总数

图 6.28　雷达文件转化为 G3D 文件的流程图

文件进行拟合的结果没有任何意义；②文件的数目大于两个，因为如果文件数目太少其拟合的结果没有实际意义。在上述两个条件的前提下从雷达文件转化成 G3D 文件的步骤如下：

（1）把单个的雷达文件形成一个项目管理文件，并输入各文件的起始点坐标。

（2）读取雷达项目管理文件并统计该项目中的测线文件数目。

（3）对各测线进行检查，看其各测线的参数设置是否一致，如果一致则进行下一步，如果不一致返回出错信息。

（4）读入测线的数据。

（5）设置时间间隔，从各项目管理文件的各测线中读取该时刻的采样值，形成需要进行拟合的各时刻 G3D 文件。

（6）设置拟合参数，选取拟合算法，对各时刻的文件分别进行拟合，给出拟合结果。

图 6.28 为雷达文件转化为 G3D 文件的流程图。

估值算法模块：模块包含距离反比、最小二乘法和克里金估值算法三个子模块；其中根据试验知，运用克里金算法比其他两种算法效果要好得多。

绘图模块：根据需要绘制反射强度的等值线图、颜色充填图和各种预览图、剖面图。图 6.29 为程序的绘图模块的流程图。

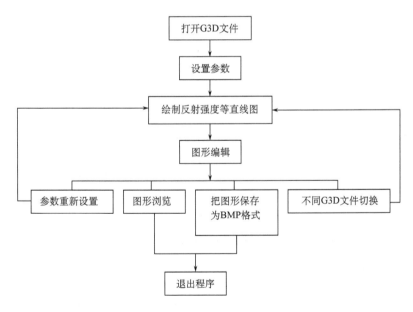

图 6.29 图形绘制与查看流程图

6.6.3 数据结构的组织

数据结构在软件设计中占有重要的地位。一个软件的效率和质量如何，最重要的就是合理的体系结构和设计有效的数据结构。探地雷达采集所使用的数据均为文件管理，因此文件头的结构设计十分重要。根据面向对象设计的原则，可将系统中的数据抽象为以下的数据结构和类。

1. G3D 文件头数据结构

```
typedef struct tagGRID3DFILEHEAD     // G3D 文件头
{
    UINT    cbSize;              // 文件头大小，为 sizeof（GRID3DFILEHEAD）
    int     ver;                // 文件版本，本版本值为 1
    float   fMinX;              // X 的最小值
    float   fMaxX;              // X 的最大值
    USHORT  nSumX;              // X 的拟合点数
    short   no _ X [3];         // X 补足位，留以扩展
    float   fMinY;              // Y 的最小值
    float   fMaxY;              // Y 的最大值
    USHORT  nSumY;              // Y 的拟合点数
    short   no _ Y [3];         // Y 补足位，留以扩展
    USHORT  nMinZ;              // Z 的最小值（基于 0）
    USHORT  nMaxZ;              // Z 的最大值
    USHORT  nSumZ;              // Z 层的总数
    USHORT  nTimeWnd;           // 时间窗口/10.0
    USHORT  nSampNum;           // 采样长度 * 512
    short   no _ Z [3];         // Z 补足位，留以扩展
    short   sig;                // 标志位（0x55aa）
    USHORT  nSumLine;           // 用到的测线总数
    UINT    uTraceSum;          // 用到的道总数
    UINT    uSampMax;           // 用到的采样个数最大值
    short   no _ s [10];        // 补足位，留以扩展
    short   no _ 2nd [80];      // 补足位，留以扩展
} GRID3DFILEHEAD，* PGRID3DFILEHEAD;
```

2. 测线坐标文件数据结构

```
typedef struct tagLINECOORD       // G3D 文件头的测线坐标
{
    float x1st, y1st;           // 起点坐标值（x1st, y1st）
    float x2nd, y2nd;           // 终点坐标值（x2nd, y2nd）
} LINECOORD，* PLINECOORD;
```

3. 文件列表结构

```
struct FILELIST                  //文件列表
{
    int num;                     //序号
    char m _ fn [80];            //文件名称，文件名称代路径的
    char m _ pr _ name [20];     //该文件的处理模块名称，如果是"原始文
                                 件"，不能被删除
    char m _ pr _ para [20];     //文件处理模块的参数
};
```

4. 文件管理结构

```
struct   FILEMPRJ
{
    char   m _ cexianname [30];  //测线名称
    int    m _ num;              //PRJ 选定文件序号，即在下面 FILELIST
                                 //数组结构中选定的文件序号，
                                 //该选中的文件即是将来三维绘制图形所选定
                                 的文件名称
    int    m _ filenum;          //文件数量
    CArray＜struct FILELIST ，struct FILELIST＞ CFList；//改测线对应文件
                                              列表结构
   SETPOINT m _ Pos [3];         //空间坐标位置
};
```

5. 等值线图的数据结构

```
typedef struct tagISOLINE _ SET
{                                // 等值线图参数
    float fLenOfPixel;           // 1 像素的长度－控制图形的大小
    float fLenOfUnit;            // 单元长度－画标尺和十字线
    float fZoom;                 // 缩放倍数
    int iScale;                  // 标尺长度
    int iDx;                     // X 轴的间隔
    int iDy;                     // Y 轴的间隔 由 m _ Data 决定
    float fMaxValue;             // 等值线的最大值
    float fMinValue;             // 等值线的最小值
    float fInterVal;             // 等值线的间隔值
    RECT rtGrid;                 // 等值线图的区域
```

```
        RECT rtAll;                    // 整图的区域
        CRect rtClient;                // 可见的客户区域
        int iCx;                       // 实际内存位图的宽度
        int iCy;                       // 实际内存位图的高度
        BOOL bUnit;                    // 是否绘制单元十字线
        BOOL bFill;                    // 是否以填充等值线图
        BOOL bColorScale;              // 是否绘制颜色标尺
        BOOL bScale;                   // 是否绘制标尺（坐标轴）
        BOOL bTime;                    // 是否绘制时间
        BOOL bLine;                    // 是否绘制测线
        COLORREF color [256];          // 颜色表
    } ISOLINESET, * PISOLINESET;
```

6. 预览图的数据结构

```
typedef struct tagPREVIEW _ SET
{                                      // 预览图参数
    int iDx;                           // X 轴的间隔
    int iDy;                           // Y 轴的间隔
    int iLenx;                         // 小图的宽度，含预留空间
    int iLeny;                         // 小图的高度，含预留空间
    int iPicX;                         // 横向小图个数
    int iPicY;                         // 纵向小图个数
    int iSumPic;                       // 所含小图的总数
    int iNowPicLayer;                  // 起始图层
    int iSumPicLayer;                  // 图层总数
} PREVIEWSET, * PPREVIEWSET;
```

总体控制对话框类

```
class CContourDlg : public CDialog
{
  public:
    CString m _ strThisPath;           // 应用程序的当前路径
    CRect m _ rtClient;                // 绘图的客户区
    CIsoline m _ Grid;                 // 等值线图实例
  private:
    int m _ iMaxLayer;                 // 图层的总数
    int m _ iNowLayer;                 // 当前绘制的图层
    double m _ dBegTime;               // 图层起始时间
```

```
    double m _ dIntervalTime;        // 图层的间隔时间
    bool m _ bCapture;               // 是否移动图形
    bool m _ bWndInit;               // 是否窗口已初始化
    CPoint m _ ptStart;              // 绘制图形时的起点，相对于绘图区
    CPoint m _ ptMove;               // 移动图形时的起点，计算移动偏移量
    CRect m _ rtRange;               // 图形可移动的最大范围，限制滚动条
};
```

6.6.4　系统的功能应用分析

　　系统界面：当打开系统时，出现如图 6.30 所示的界面，界面的左边空白地方为系统的视图区，主要图形在此区域内绘制；在界面的右边有一排按钮分别为打开文件按钮、拟合数据按钮、颜色处理按钮、保存图像按钮、常规设置按钮、剖面设置按钮、放大按钮、缩小按钮、关闭按钮；另外还有常规图单选框、预览图复选框、剖面图单选框和设置复选框。其中在没有选中文件之前预览图复选框、常规设置按钮、剖面设置按钮、放大按钮、缩小居中按钮为灰色不可用。

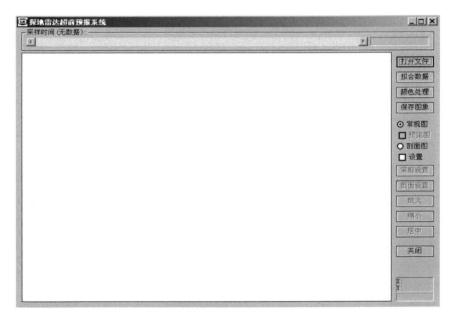

图 6.30　程序界面

　　打开文件：当按下打开文件按钮时，系统弹出如图 6.31 所示的对话框，选中所要的文件，系统就自动绘出如图 6.32 所示的等值线图；如果选择的是颜色填充图，则绘出如图 6.33 所示的颜色填充图。如果预览图复选框被选中则绘制如图 6.34 所示的等值线预览图或如图 6.35 所示的颜色填充预览图。

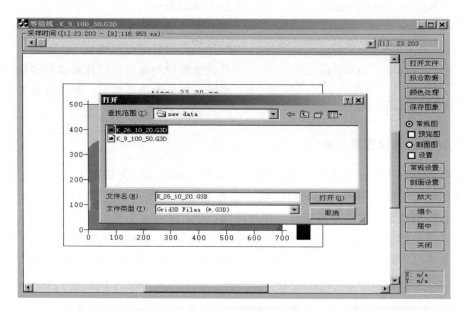

图 6.31　文件打开对话框

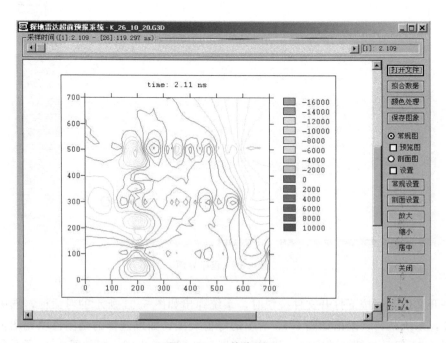

图 6.32　　等值线图

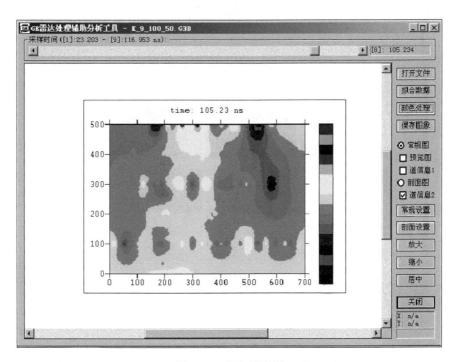

图 6.33　颜色填充图

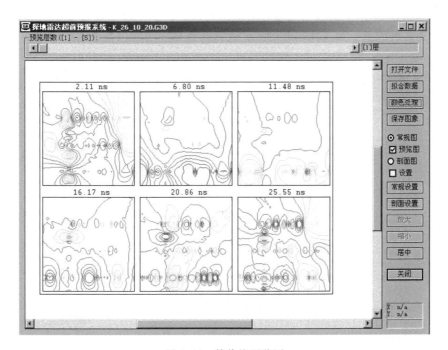

图 6.34　等值线预览图

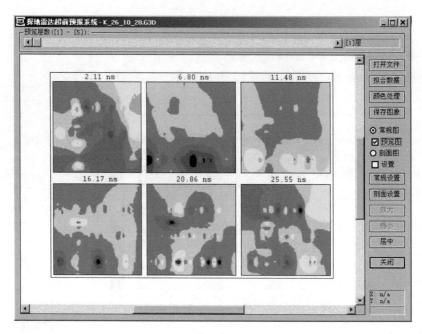

图 6.35　颜色填充预览图

　　拟合数据：当点击拟合数据按钮时，系统弹出如图 6.36 所示的对话框，选择所要进行拟合的数据文件，文件后缀为".prj,"当选好文件并点击对话框中的打开按钮时系统弹出如图 6.37 所示的数据处理对话框；在该对话框中有测线设置组合框，在该框中可以看到各种信息：如选择哪些测线，选择什么样的数据，是原始数据还是处理过的

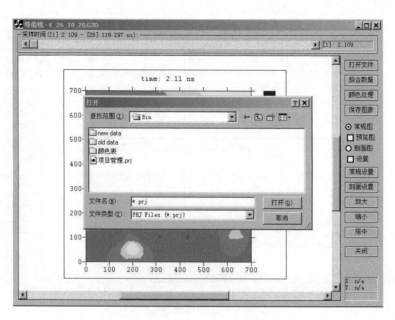

图 6.36　打开项目管理文件对话框

数据；参数设置组合框，此框中可以设置
将要拟合数据的区域以及在哪些层面上进
行拟合；该对话框还有一个文件输出编辑
框，可以选取拟合后的数据存取路径；另
外，对话框还有一个详细信息的信息栏，
在该栏中可以看到导入的数据是否通过检
测的详细信息。

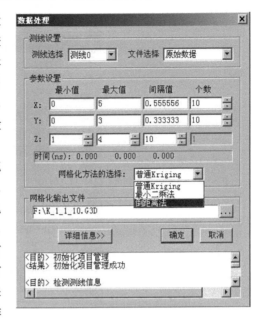

颜色处理：点击颜色处理按钮，系统
弹出如图 6.38 所示的颜色处理的对话框。
该对话框两个组合框，即当前颜色和颜色
表组合框。如果要改变当前系统的颜色，
可以通过以下几个步骤获得：①通过当前
颜色的红、绿、蓝三个滑动条来改变当前
颜色；②通过差分组合框中的几个按钮来
改变，当选用差分按钮时，取其上面一排
颜色中的两个差分得到当前颜色；也可以

图 6.37　拟合参数设置对话框

点击取色按钮，系统弹出如图 6.39 所示的颜色对话框，在该对话框中选取所需的颜
色，按确定按钮即可，还可以通过导入颜色来改变当前颜色，点击导入按钮，系统
弹出如图 6.40 所示的对话框，从以前保存的颜色表中导入所需的颜色表。

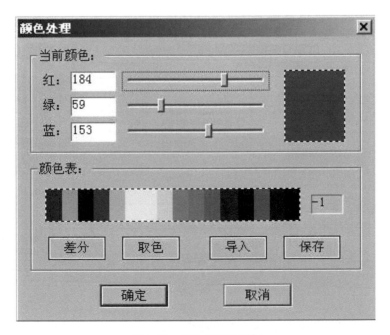

图 6.38　颜色处理对话框

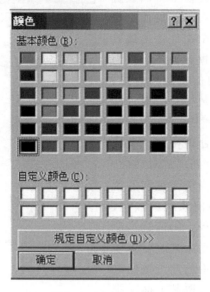

图 6.39　颜色对话框

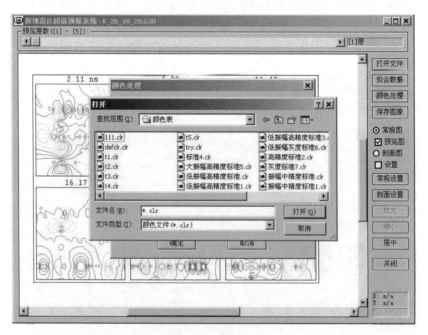

图 6.40　颜色导入对话框

常规设置：点击常规设置按钮，系统弹出如图 6.41 所示的设置对话框，在此对话框中可以设置系统将要显示的图形的参数，图 6.42 为图 6.41 中的参数时的等值线图。

图 6.41　参数设置对话框

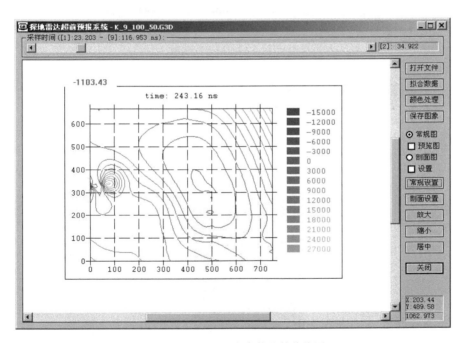

图 6.42　图 6.41 中参数的等值线图

　　剖面设置：点击剖面设置按钮，系统弹出如图 6.43 所示的剖面设置对话框，在该对话框中可以设置区域中任意两点的位置，系统可以根据所给的位置计算该剖面的探地雷达反射强度值，弥补探地雷达测线过少的不足。切线的参数设置可以在剖面设置对话框中的视图中用鼠标任意设置，也可以在视图下方的编辑框中输入切线的两端坐标值。图 6.44 的下图为图 6.43 中选定的剖面图。

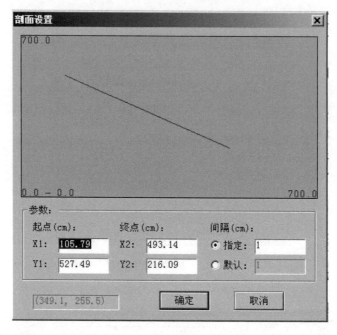

图 6.43　剖面设置对话框

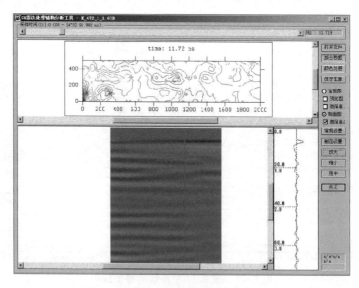

图 6.44　图 6.43 所设置的参数剖面图

6.6.5　三维高程模型解释应用分析

三维高程模型是基于 OpenGL 开发的三维可视化软件。它主要处理 G3D 格式文件数据，同时也提供处理一些高程数据，如 Golden Software Inc. 的 Surfer 所提供的 GRD 格式文件数据。图 6.45 是三维高层模型界面。

本系统通过参数面板框调整显示参数，从而调整显示对象的显示方式等。主要有三

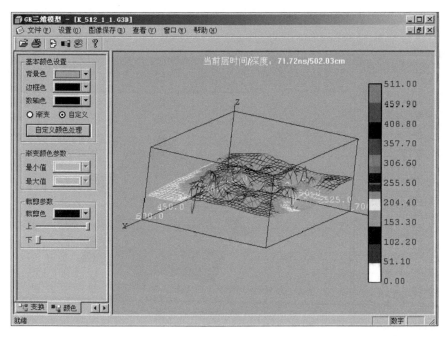

图 6.45　三维高层模型界面

个参数面板框。

（1）3D：选择高程或平面显示等不同显示，选择显示的组件和控制参数等；

（2）变换：缩放图形、旋转图形等；

（3）颜色：选择基本颜色、调节颜色表等。

图 6.46 是不同图形显示类型的对比。

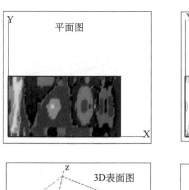
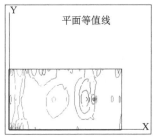
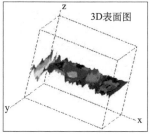
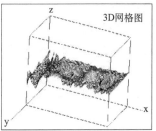

图 6.46　不同图形显示类型

图 6.47 是三维立体模型界面。

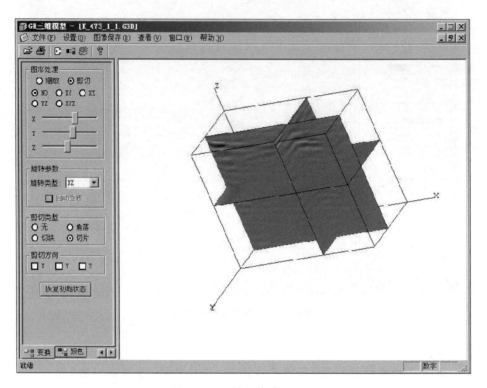

图 6.47 三维立体模型界面

图 6.48 是不同切断类型的对比。

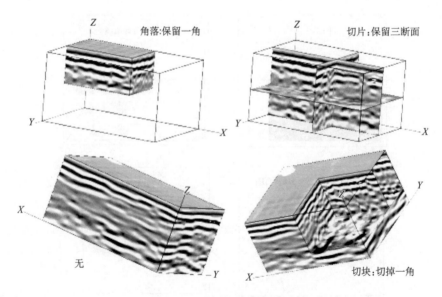

图 6.48 不同切断类型对比

6.7　谱分析解释

雷达图像的综合解释是探地雷达探测的最终目的，目前对资料的解释概括地说有两大类：直接解释和间接解释。

1. 直接解释

所谓直接解释方法，就是通过对雷达探测的原始资料作一些常规的预处理（如放大、滤波、叠加）之后，根据雷达反射信号的外观特征，如反射强弱、相位特征、同向轴的变化特征等信息，再结合钻探资料以及其他相关地质资料，直接对反射信号作出定性和定量解释。这是目前最常用的解释方法，优点是直观、形象，适于分辨介质层面及环境条件较为单一的地质异常体。但在复杂地质环境条件下，资料的外观特征往往被复杂化，导致资料多解性的发生。而且这种方法对辅助资料的正确性和解释者的经验水平依赖性较强，对复杂地质环境条件下的探测目标，不同的人甚至可得出完全不同的解释结果，资料外观特征的不确定性和资料解释的主观性制约了这种方法的可靠性。

2. 间接解释

相对于直接解释方法而言，间接解释方法是指采用物理或数学的理论和方法，对雷达探测资料的自身结构进行深入分析，以期能找出体现探测目标差异的特征参量，据此作为资料解释和目标识别的依据。由于资料解释的依据是能反映目标属性的特征参量，因此这种解释方法在很大程度上克服了直接解释方法所带来的主观性和多解性，在一定程度上提高了资料解释的准确性，使结果更为客观和可靠。当然，这仅是从理论上而言，实际上由于地下目标体及其周围环境的复杂多变性，要找出反映某类目标体的属性特征也并非容易，问题的关键在于，要根据不同情况，选择一套好的分析理论和适宜的分析方法。目前在这方面已开始研究的方法主要有等效系统法、傅里叶（Fourier）谱分析法、小波变换分析法、分形理论等。

总体上看，由于地下探测目标的复杂多变性，每种解释方法都有其局限性，都有一定的使用条件和范围。

总之，无论上述的哪种雷达解释分析方法都是将雷达信号作为一种确定性的数字信号来处理的，但在实际应用，由于地下介质的复杂多变，探地雷达的回波信号往往具有时变、非平稳和随机性等特点，因此用普通的 FFT 技术很难在这种复杂的信号环境下分析识别出有效信号。因此将随机信号的分析处理方法引入探地雷达数据处理解释，本书提出利用现代谱估计中的自回归滑动平均谱估计（ARMA）来分析识别有效反射信号的非平稳信号，通过对谱剖面加时间窗，提出了滚动 ARMA 功率谱剖面技术，实现了对道路病害的探地雷达解释工作，为探地雷达的数据处理解释方法研究提供了一种新的思路。

噪声的不确定性使得对于雷达采集的信号可以看成是一具有随机噪声背景的过程，我们知道对于一个随机信号，无法像确定性信号那样用数学表达式来精确地描述它，而只能用各种统计平均量来表征它。其中，自相关函数最能完整地表征它的特定统计平均量值。而一个随机信号的功率谱密度正是自相关函数的傅里叶变换，因此我们可以用功率谱密度来表征它的统计平均谱特性，在统计意义下描述一个随机信号，利用给定的 N 个样本数据估计一个平稳随机信号的功率谱密度称为谱分析。

谱分析方法分为两大类：非参数化方法和参数化方法。非参数化谱分析（如周期图法）又称为经典谱分析，其主要缺陷是频率分辨率低；而参数化谱分析又称为现代谱分析，它具有频率分辨率高的优点。现代谱分析方法主要有自回归滑动平均谱分析（ARMA 谱分析）、极大似然法、熵谱分析法和特征分解法四种。其中，ARMA 谱分析是一种建模方法，即通过对平稳线性信号过程建立模型来估计功率谱密度，能在低信噪比时提取信号特征，具有较高的分辨率和精度。

6.7.1　基于时间窗经典谱剖面技术的病害解释方法研究

根据式（2.35）、式（2.41）和式（2.52）得到电磁波在介质传播过程中具有如下响应：

（1）衰减系数表明电磁波在传播过程中，信号呈指数衰减。频率 ω 越高，电导 σ 越大，衰减量越大。因此在含水地层，电导 σ 很高，高频衰减很快，雷达探测发射短脉冲宽频电磁波信号，在含水层下部，雷达反射能量主要以低频信号为主。

（2）电磁波在介质中传播时，各个频率分量的电磁波以不同的相速度传播，经过一段距离后，它们相互之间的相位关系发生改变，从而导致信号失真，这种现象称为色散。所以，对电磁波而言，导电介质具有色散特性，在电导 σ 较高的含水基础层，色散现象更为明显。色散现象产生相位差，因此雷达接收到的信号是具有不同频率、不同相位差异信号的叠加，这种叠加效应导致接收到的信号频率降低。

（3）电磁波反射能量仅与分界面两侧相对介电常数的大小有关。当两个介质的介电常数相同时，反射系数为 0，仅有透射而不发生反射。路基基础的松散至空洞破坏了路基基础的层面反射信息，反射能量很弱，雷达接收信号以低频为主，主要来自于仪器的漂移信号。对于含水地层，水的相对介电常数较大，因此电磁波进入含水地层，反射能量较强，而频率降低。

通过上面分析，地下异常体与地质雷达接收到的信号频率是密切相关的，利用地下异常体对电磁波频率响应特征的变化，来分析地下异常性。

1. 对数功率谱的计算

对确定的信号 $f(t)$，其振幅谱是非负且是偶对称的，功率谱 $|F(\omega)|^2$ 突出那些 $|F(\omega)|>1$ 的主要成分，压制那些 $|F(\omega)|<1$ 的次要成分，因此功率谱能突出信号的主要频率成分。

在地质雷达应用中，对有限离散信号 $\{f(n)\}_{n=0}^{n=N-1}$（其中 N 是样点数）现作自相关

$$R_{ff}(n) = \frac{1}{N} \sum_{k=0}^{N-1-n} f(k)f(k+n) \quad , \quad 0 \leqslant n \leqslant N-1 \qquad (6.36)$$

再对自相关数据 $\{R_{ff}(n)\}_{n=-N+1}^{N-1}$ 作 FFT 计算，求得离散的功率谱 $\left\{\frac{1}{N}|F(n\Delta\omega)|^2\right\}_{n=-N+1}^{N-1}$，仅取其正频率部分 $\left\{\frac{1}{N}|F(n\Delta\omega)|^2\right\}_{n=0}^{N-1}$ 的包络曲线作为功率谱曲线 $P_f(\omega)$ 进行信号分析。

功率谱 $P_f(\omega)$ 对突出和识别频谱的主要特征是有利的，但功率谱中有多个大小不同的特征都需要识别时，可以采用对数功率谱，它定义为

$$L_f(\omega) = |\lg P_f(\omega)| \tag{6.37}$$

由于取对数的原因，$L_f(\omega)$ 会使小量放大，从而这些微弱特征更容易显示和识别，同时对数能使乘法运算变为叠加运算，更有利于信号的分离。

对于地质雷达探测，功率谱取对数具有如下意义：地质雷达接收的信号是雷达子波与地层反射系数卷积运算的结果，因此雷达接收信号的功率谱是地层反射系数序列功率谱和雷达子波功率谱相乘运算的结果，利用对数运算，可以将谱值信息转化为地层和雷达子波功率谱的叠加，这极大方便了观测地层对雷达子波的频率响应变换。

2. 时间窗的选取

在雷达剖面上研究地下异常体时，希望只得到地下异常体的频谱数据。所以，在雷达时间剖面上有必要加上时间窗，以便分析地下异常体的时间信号所对应的频谱局部化特征。

具有窗口特性的函数满足

$$\omega\overline{G}(\omega), tg(t) \in L^2(R) \tag{6.38}$$

式中，函数 $g(t)$ 为窗口函数；$\overline{G}(\omega)$ 为 $g(t)$ 的傅里叶变化。

矩形函数、山形函数、m 次样条函数等都可以作为时间窗函数。如何选取窗函数，选取窗函数必须以"测不准原理"为依据，达到时间和频率域局部化的最高分辨率。

"测不准原理"：对于窗口函数 $g(t)$，其窗口面积满足 $4\Delta g(t)\Delta\overline{G}(\omega) \geqslant 2$，当且仅当 $g(t)$ 为高斯函数时，等号成立。可见高斯窗是局部分析的最佳窗口。高斯窗口函数定义为

$$g_a(x) = \frac{1}{2\sqrt{\pi a}}e^{-\frac{x^2}{4a}}, a > 0 \tag{6.39}$$

通过对加高斯窗的数据进行求解对数功率谱就是本小节要达到的结果。

3. 谱剖面的构造

地质雷达在实际探测时，其数据采集频率往往是天线主频的 15 倍以上，为了对主频附近信号有更详细的观测，可以采用截取 m 倍主频以下的频率信号进行分析，通过重采样，获得具有与时间剖面相同样点的对数功率谱剖面。

4. 实际应用

1）地下人防通道识别

图 6.49 是利用 100 MHz 天线探测地下人防通道，试验地点为清华大学院内道路。其中图 6.49（a）是地质雷达实际探测时间剖面，图 6.49（b）是对数功率谱剖面。在时间剖面上，人防通道处雷达波发生绕射。从谱剖面可以清晰看出人防通道具有低频信号强、高频信号弱的响应特征。在人防通道附近存在明显的低频响应区域，该区域是由人防通道对原生地层扰动、造成局部地层的坍陷松散造成的。因此通过时间剖面和对数功率谱剖面对比，可以明显探测出空洞和松散区域。

2）路基隐伏病害识别

图 6.50 是利用 100MHz 天线探测路基隐伏病害，试验地点为清华大学院内沥青路面。其中图 6.50（a）是地质雷达实际探测时间剖面，图 6.50（b）是对数功率谱剖面。如果仅从时间剖面上来分析路基病害，存在很大难度，因为松散区域在时间剖面上的响应变化不明显。从谱剖面可以清晰看出隐伏松散区域同样具有低频信号强、高频信号弱的响应特征，其天线主频信号受到严重扰动。通过时间剖面和对数功率谱剖面对比，可以得出频率剖面对于松散区域具有很好的响应特性。

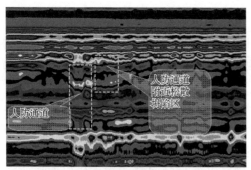

(a) 时间剖面

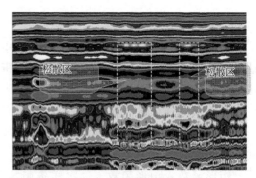

(a) 时间剖面

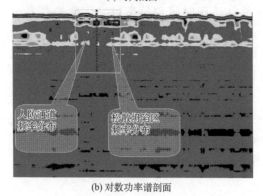

(b) 对数功率谱剖面

图 6.49　地下人防探测结果

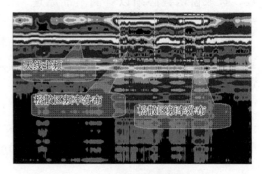

(b) 对数功率谱剖面

图 6.50　路基探测结果

6.7.2　现代谱密度基础

在现代谱分析技术中，协方差函数起着最基本的作用，因此首先介绍一下协方差和功率谱的基本概念。

1. 协方差与功率谱

若 $\{x(t),t \in T\}$ 是一个对每个 $t \in T$ 均满足 $\mathrm{var}\{x(t)\} < \infty$ 的实（值）过程，则 $\{x(t)\}$ 的自协方差函数 $\gamma_x(\cdot,\cdot)$ 定义为

$$
\begin{aligned}
\gamma_x(r,s) &= \mathrm{cov}\{x(r),x(s)\} \\
&= E\{[x(r) - Ex(r)][x(s) - E(x(s))]\} \qquad (r,s \in T)
\end{aligned}
\tag{6.40}
$$

令指标集 $Z = \{0,\pm 1,\pm 2,\cdots\}$，若

(1) $E|x(t)|^2 < \infty$（对于所有 $t \in Z$）

(2) $E[x(t)] = m$（对于所有 $t \in Z$）

(3) $\gamma_x(r,s) = \gamma_x(r+t,s+t)$（对于所有 $r,s,t \in Z$）

则称时间序列 $\{x(t),t \in Z\}$ 是平稳的。若 $\{x(t),t \in Z\}$ 是平稳的，则 $\gamma_x(r,s) = \gamma_x(r-s,0)$，$r \in Z$ 及 $s \in Z$。因此，通常将一平稳过程的自协方差函数定义为单个变元的函数，即

$$
\gamma_x(\tau) = \gamma_x(\tau,0) = \mathrm{cov}\{x(t+\tau),x(t)\} \qquad (t,\tau \in Z)
\tag{6.41}
$$

如果实值函数是一个平稳过程 $\{x(t)\}$ 的自协方差函数，则其具有如下的性质：

(1) $\gamma(0) \geqslant 0$；

(2) $|\gamma(\tau)| \leqslant \gamma(0)$（$\tau = 0,\pm 1,\cdots$）；

(3) $\gamma(\tau) = \gamma(-\tau)$（$\tau = 0,\pm 1,\cdots$）；

(4) 定义在整数集 Z 上的一个实值函数 $\gamma(\tau)$ 是非负定的，即对所有 $n \in Z$ 和所有实数 a_k 有

$$
\sum_{i=1}^{n}\sum_{j=1}^{n} a_i \gamma(i-j) a_j \geqslant 0
$$

当且仅当 $\gamma(x)$ 是一个平稳时间序列的自协方差函数。

对于一个零均值的平稳过程 $\{x(t)\}$，其自协方差 $\gamma(\tau)$ 与自相关 $R(\tau) = E\{x(t+\tau)x(t)\}$ 恒等，即

$$
\gamma(\tau) = R(\tau) = E\{x(t+\tau)x(t)\}
\tag{6.42}
$$

在信号处理中，通常总是将一个平稳过程变为零均值，并使用整数域上定义的协方差（即相关）函数。

平稳过程 $\{x(t)\}$ 的功率谱密度定义为

$$
P(\omega) = \sum_{k=-\infty}^{\infty} R(k)\mathrm{e}^{-jk\omega}
\tag{6.43}
$$

自相关（协方差）函数是功率谱的傅里叶反变换

$$
R(k) = \frac{1}{2\pi}\int_{-\pi}^{\pi} P(\omega)\mathrm{e}^{jk\omega}\,\mathrm{d}\omega \qquad (k = 0,\pm 1,\cdots)
\tag{6.44}
$$

2. ARMA 过程的定义

若 $\{x(t)\}$ 是平稳的且对每个 $t \in z$，有

$$x(t) + \phi_1 x(t-1) + \cdots + \phi_2 x(t-p)$$
$$= e(t) + \theta_1 e(t-1) + \cdots + \theta_q(t-q) \tag{6.45}$$

则过程 $\{x(t)\}$ 称为一 ARMA (p,q) 过程。式中 $e(t)$ 是个均值为零、方差为 σ^2 的白噪声，简记为 $\{e(t)\} \sim \mathrm{WN}(0, \sigma^2)$。如果 $\{x(t) - \mu\}$ 是 ARMA (p,q) 过程，我们就说 $\{x(t)\}$ 是一具有均值 μ 的 ARMA (p,q) 过程。式（6.45）中的 ϕ_i 和 θ_i 分别称为自回归（AR）参数和移动平均（MA）参数，p 和 q 分别称为 AR 阶数和 MA 阶数。

ARMA 过程可以表示成更紧凑的形式

$$\phi(B) x(t) = \theta(B) e(t) \quad (t = 0, \pm 1, \pm 2, \cdots) \tag{6.46}$$

式中，多项式 ϕ 和 θ 分别称为差分方程式（6.46）的 AR 多项式和 MA 多项式，即有

$$\phi(z) = 1 + \phi_1 z^{-1} + \cdots + \phi_p z^{-p} \tag{6.47}$$

$$\theta(z) = 1 + \theta_1 z^{-1} + \cdots + \theta_p z^{-q} \tag{6.48}$$

1）MA (q) 过程

若 $\phi(z) \equiv 1$，则

$$x(t) = \theta(B) e(t) \tag{6.49}$$

称该过程是一阶数为 q 的移动平均过程，记为 MA (q)。很明显，此时差分方程式（6.46）有唯一解。

2）AR (q) 过程

若 $\theta(z) \equiv 1$，则

$$\phi(B) x(t) = e(t) \tag{6.50}$$

称该过程是一阶数为 p 的自回归过程，记作 AR (p)。$x(t)$ 解的存在及唯一性取决于 AR 过程的因果性，也即存在一个常数序列 $\{\psi_i\}$，使得 $\sum_{j=0}^{\infty} |\psi_j|$ 满足

$$x(t) = \sum_{j=0}^{\infty} \psi_j e(t-j) \quad (t = 0, \pm 1, \cdots) \tag{6.51}$$

式中系数 $\{\psi\}$ 由下式确定：

$$\psi(z) = \sum_{j=0}^{\infty} \psi_j z^{-1} = \frac{\theta(z)}{\phi(z)} \quad (|z| \geqslant 1) \tag{6.52}$$

综合以上分析，我们可以归纳得到描述 ARMA、MA 和 AR 模型之间关系的 Wold 分解定理，即任何一个有限方差的平稳 ARMA 或 MA 过程都可以表示成唯一的、阶数可能无穷大的 AR 过程；同样，任何一个 ARMA 或 AR 过程也可表示成一个阶数可能无穷大的 MA 过程。

上述定理非常重要，因为如果在三种模型中选择了一个错误的模型，我们仍然可以通过一个很高的阶数获得一个合理的逼近。因此，一个 ARMA 模型可以用一个足够高阶的 AR 模型来近似，并且 AR 建模比 ARMA 建模和 MA 建模在计算上要简单得多。

3. ARMA 的谱密度

一个 ARMA 过程的功率谱密度具有广泛的代表性，ARMA 谱分析在近十几年也

成了现代谱分析中最活跃和最重要的研究方向之一。所谓的 ARMA 谱分析实质上就是一种建模方法，即通过对平稳线性信号过程建立模型来估计功率谱密度。

令 $\{x(n)\}$ 是一个满足差分方程

$$x(n) + a_1 x(n-1) + \cdots + a_p x(n-p) = e(n) + b_1 e(n-1) + \cdots + b_q e(n-q)$$

(6.53)

的平稳 ARMA (p,q) 过程，则 $\{x(n)\}$ 具有谱密度

$$P_x(\omega) = \left| \frac{B(z)}{A(z)} \right|^2 \sigma^2$$

(6.54)

式中，$z = \mathrm{e}^{-\mathrm{j}\omega}$；$A(z) = 1 + a_1 z^{-1} + \cdots + a_p z^{-p}$；$B(z) = 1 + b_1 z^{-1} + \cdots + b_q z^{-q}$；$\{e(n)\} \sim \mathrm{WN}(0, \sigma^2)$。

可见由式（6.54）定义的谱密度是两个多项式之比，所以通常称它为有理式谱密度，该式表明一个离散参数的 ARMA 过程的谱密度是 $\mathrm{e}^{-\mathrm{j}\omega}$ 的有理式函数，反之，如果已知一平稳过程 $\{x(n)\}$ 具有形如式（6.54）的有理式谱密度，则 $\{x(n)\}$ 是一个如式（6.53）描述的 ARMA (p,q) 过程。

4. ARMA 谱分析的方法

式（6.54）提供了一种 ARMA 谱分析方法，该方法需要知道 ARMA 过程的 AR 阶数 p 和参数 a_i、MA 阶数 q 和参数 b_i，以及激励白噪声的方差 σ^2。为了减少对参数的依赖，采用 Cadzow 谱分析方法来实现对功率谱的计算。

为了分析方便，用 $P_x(z)$ 表示过程 $\{x(n)\}$ 的功率谱。显然，可以将式（6.54）写成

$$p_x(z) = \frac{B(z)B(z^{-1})}{A(z)A(z^{-1})} \sigma^2$$

(6.55)

对式（6.55）进行下列分解：

$$p_x(z) = \frac{B(z)B(z^{-1})}{A(z)A(z^{-1})} \sigma^2 = \frac{N(z)}{A(z)} + \frac{N(z^{-1})}{A(z^{-1})}$$

(6.56)

式中，$N(z)$ 是个 p 阶多项式，定义为

$$N(z) = \sum_{i=0}^{p} n_i z^{-i}$$

(6.57)

它与 $A(z)$ 和 $B(z)$ 之间存在这样的关系

$$A(z)N(z^{-1}) + A(z^{-1})N(z) = B(z)B(z^{-1})$$

平稳过程功率谱的定义式为

$$p_x(z) = \sum_{k=-\infty}^{+\infty} R_x(k) z^{-k} = \sum_{k=0}^{+\infty} r(k) z^{-k} + \sum_{k=-\infty}^{0} r(-k) z^{-k}$$

(6.58)

式中

$$r(k) = \begin{cases} 0.5 R_x(k) & (k = 0) \\ R_x(k) & (k \neq 0) \end{cases}$$

(6.59)

式中，$R_x(k)$ 为 x 的自相关系数。综合考虑式（6.56）和式（6.58），显然应该有

$$\frac{N(z)}{A(z)} = \frac{\sum_{i=0}^{p} n_i z^{-i}}{\sum_{i=0}^{p} a_i z^{-i}} = \sum_{k=0}^{+\infty} r(k) z^{-k} \tag{6.60}$$

用 $\sum_{i=0}^{p} a_i z^{-i}$ 同乘式(6.60)左右两端，并比较两边同幂次项的系数，可得到

$$n_k = \sum_{i=0}^{p} a_i r(k-i) \tag{6.61}$$

式(6.61)称为 Cadzow 谱分析子。如果自相关函数 $R(0), R(1), \cdots, R(p)$ 以及 AR 阶数 p 和参数 a_i 给定的话，系数 n_k 即可由式（6.61）确定，从而功率谱可以求得。这种方法不需要用到白噪声 σ^2、MA 阶数 q 和 MA 参数 b_i，并且，这种方法计算简单、频率分辨率高。

6.7.3 基于现代滚动谱剖面技术的病害解释方法研究

1. 对数谱密度

在公式（6.58）中，令 $z = e^{-j\omega}$，则把 Z 变换转换为频谱变换 $P_x(\omega)$。

但当谱密度中有多个大小不同的特征都需要识别时，可以采用对数谱密度，它定义为

$$L_x(\omega) = |\lg P_x(\omega)| \tag{6.62}$$

由于取对数的原因，$L_x(\omega)$ 会使小量放大，从而这些不同特征更容易显示和识别。

2. 短时窗 ARMA 谱密度泛函

短时窗 ARMA 谱密度就是对信号加时间窗函数，选取高斯窗口函数，它能达到时间域和频率域局部化的最高分辨率。

设 $x(t)$ 为雷达时间剖面某数据道信息，t_0 是脱空区顶界面反射初始时间，ΔT 是窗口长度，短时 ARMA 谱密度就是以 t_0 为起点，ΔT 为窗长的 ARMA 对数谱密度，即计算短时信号 $x(t)g(t - t_0 - \frac{\Delta T}{2})$ 的 ARMA 对数谱密度，其中 $g(t)$ 为高斯窗口函数。以 Δt 为采样间隔，采样点数为 N 的离散信号其谱变换结果是以 $\Delta\omega = \frac{1}{2\pi\Delta t \times N}$ 为间隔的离散谱。离散谱是一个序列参数，利用式（6.63）计算离散谱期望值，也称式(6.63)为短时 ARMA 谱密度泛函。

$$Q(t_0) = \sum_{n=0}^{N} \left(\frac{1}{N} |L_x(n\Delta\omega)| * n\Delta\omega \right) \tag{6.63}$$

式(6.63)主要反映在短时间窗口（$t_0 \sim t_0 + \Delta T$）内的对数谱密度期望值的大小。

如果以 ΔT 为时间窗，从起点开始沿时间深度向下滚动，则对每个时间深度点都对应式（6.63）的谱期望，从而获得滚动剖面。

3. 滚动谱剖面的构造

由于探地雷达获取的是实信号，而实信号的谱值是对称的，因此取频率的正半轴部分进行分析。时间窗的起点时间作为雷达剖面的反射时间，因此对探地雷达任意一道存在如下映射关系：

$$x(t_0) \quad \Rightarrow W(t_0 + \Delta T) \quad \Rightarrow \left| \lg \left\{ \tfrac{1}{N} P_x^{(n\Delta\omega)} \right\}_{n=0}^{N-1} \right| \quad \Rightarrow Q(t_0) \tag{6.64}$$

式中，$x(t_0)$ 为时间剖面对应 t_0 时间的信息；$W(t_0 + \Delta T)$ 为选定在 $t_0 \sim t_0 + \Delta T$ 之间的时间窗；$\left| \lg \left\{ \tfrac{1}{N} | P_x^{(n\Delta\omega)} | \right\}_{n=0}^{N-1} \right|$ 为时间剖面在 $t_0 \sim t_0 + \Delta T$ 时间窗内的离散谱；$\Delta\omega$ 是频率间隔；$Q(t_0)$ 为 N 个离散谱值对应的谱均值，其中

$$Q(t_0) = \sum_{n=0}^{N} \left(\left| \lg \left\{ \tfrac{1}{N} | P_x^{(n\Delta\omega)} | \right\} \right| * n\Delta\omega \right) \tag{6.65}$$

式（6.65）表示把雷达时间剖面 t_0 时间反射能量转换为给定时间窗的滚动谱的均值 $Q(t_0)$。

如果以 ΔT 为时间间隔，从起点开始沿时间深度向下滚动，对每个时间深度点都对应式（6.65）的谱均值，其形成的滚动剖面如下：

$$G(m) = \left(\sum_{t=0}^{T_m} Q(t) \right)(m), \quad m = 1 \sim 样点数 \tag{6.66}$$

式中，T_m 为采样时间窗。

4. 滚动谱算法的改进

如果采用式（6.66）去计算滚动谱剖面，存在以下问题：

（1）计算机工作量大，因而计算时间长。雷达检测是一种快速方法，如果在资料解释过程中，利用复杂时间算法去获取结果，其必然在现实中大大影响雷达检测的效率。

（2）易受到外界突变信号的干扰。探地雷达是利用电磁波的发射和反射来达到检测目的，易受到外界的干扰。如何将干扰信号的影响减小，这在资料成果解释中是非常重要的。因此，对上述的滚动谱剖面算法作以下的改进。

首先，给定滚动扫描频率的滚动倍数 N，通过控制 N 数值的大小，达到快速计算的目的。如果原来采样点数为 512，对每一道需要进行 512 次的谱均值计算，如果 N 取 8，则只需要进行 64 次的谱均值计算，计算时间提高 8 倍。式（6.66）通过滚动倍数变为

$$G(m) = \left[\sum_{t=i*N*\Delta T}^{t \leqslant T_m} Q(t + N \times i) \right](m) \tag{6.67}$$

其次，通过式（6.43）二次采样恢复样点数量

$$\bar{G}(m) = \sum_{t=0}^{T_m} G(m) \frac{\sin\left[(t-m)\dfrac{\pi}{T_s}\right]}{(t-m) * \dfrac{\pi}{T_s}}, \quad m = 1 \sim 样点数 \tag{6.68}$$

最后，对二次采样后结果开二维窗口进行滑动滤波处理，如式（6.69）所示。

$$\overline{G}(m) = \sum_{n=-N}^{N} \sum_{m=-M}^{M} \overline{G}_{mn} \tag{6.69}$$

式中，n 和 m 分别为道数和样点数信息。

5. 道路病害数字模型频率分布特征分析

虽然道路病害的形式各不相同，但主要原因还是，在施工过程中道路压实度不够造成疏松，这使得空气或水的进入，因此有必要研究空气、水以及杂质填充物雷达反射波的频率分布特征，找出其功率谱的特征规律和差异。设计如图 6.51 所示的模型。模型长 6m，深 0.47m，在沥青层和路基层中间，依次并列填充了水、杂质和空气层。合成雷达剖面如图 6.52 所示。

从图 6.52 的合成记录剖面上，可以看出：

（1）空气层顶部反射信号与激发电磁波同相，而杂质和水层顶部信号则发生反相；空气底部和杂质底部反射信号与激发电磁波反相，而水层底部信号则同相。这是给定介电常数不同造成的现象，符合电磁波垂直入射的反射定律。

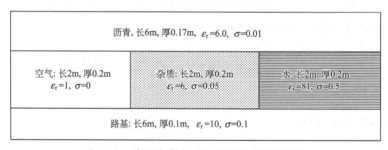

图 6.51　路基病害介质三层结构模型示意图

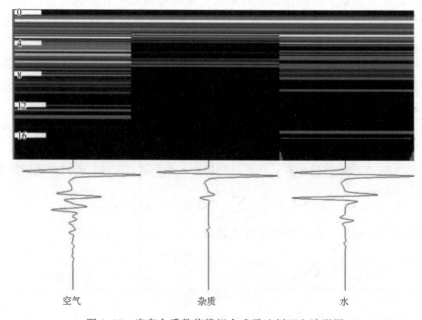

图 6.52　病害介质数值模拟合成雷达剖面和波形图

（2）由于空气吸收系数小，且顶底反射在小范围得到叠加，因此存在较强的多次波。

（3）水的顶部反射能量最强，这是由于其波阻抗差异大小决定的。

（4）尽管这三种类型具有相同的厚度，但是由于介电常数的差异，造成在三种介质中具有不同的传播延迟。

图 6.53 给出了以沥青层底部反射为起点，不同时间窗的 ARMA 功率谱对比图。

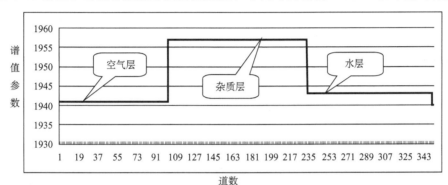

(a) · T=1ns

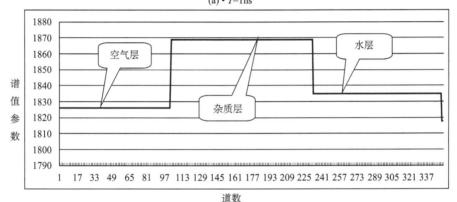

(b) · T=1.2ns

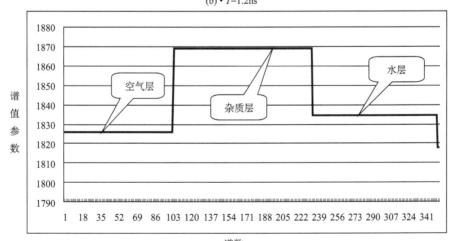

(c) · T=1.4ns

图 6.53　不同时间窗空气、杂质和水的滚动谱对比示意图

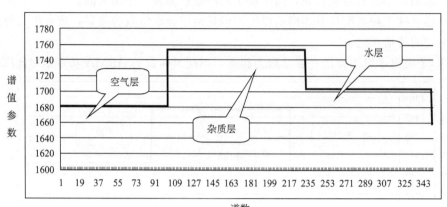

(d) · T=1.6ns

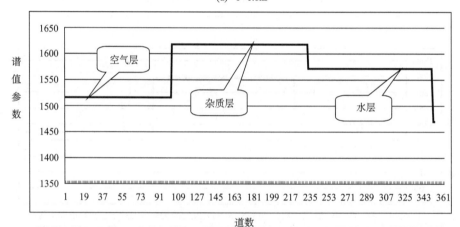

(e) · T=1.8ns

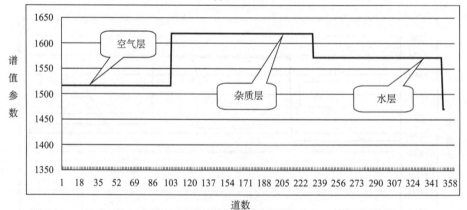

(f) · T=2ns

图 6.53　不同时间窗空气、杂质和水的滚动谱对比示意图（续）

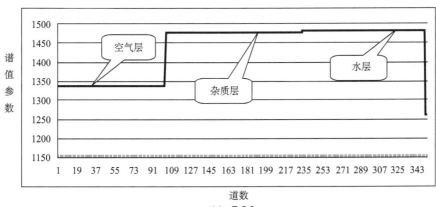

(g) · T=2.5ns

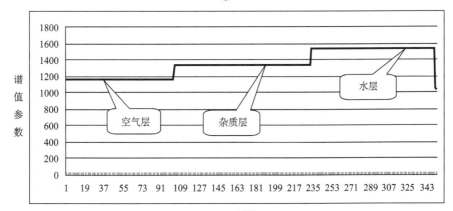

(h) · T=3.2ns

图 6.53　不同时间窗空气、杂质和水的滚动谱对比示意图（续）

时间窗参数的选取应以空气反射信号的滚动谱与周围介质反射滚动谱值差异最大，滚动谱对象不发生奇变为原则。为此，给出不同时间窗滚动谱差异曲线如图 6.54 所示。从图中可以看出：

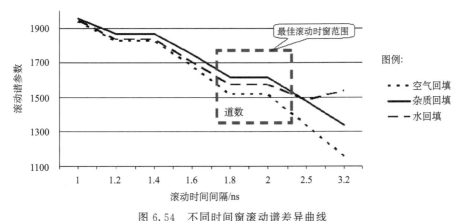

图 6.54　不同时间窗滚动谱差异曲线

（1）空气层总是具有最小的滚动谱参数，杂质回填的滚动谱参数最大。

（2）从1ns到3.2ns，随着时间窗的递增，模型中的三层回填介质对应的滚动谱参数之间的差异在递增。

依据时间窗的选取原则，在1.8ns和2ns的滚动时间窗内具有较好效果，即不但其差异较大，而且信号变化平稳。从以上规律分析，对于20cm的厚度回填介质，当选用2ns滚动时间窗进行滚动谱分析时具有较好的应用效果。

6. 道路脱空病害滚动谱分析

脱空道路中普遍存在的一种病害，由于空气属于高阻体介质，因此电磁波在传播过程中，对高阻体反射能量较弱，因此脱空的探测目前仍然是探地雷达需要解决的疑难问题之一。探地雷达时间剖面提供了地下反射波的振幅信息，但是脱空反射信号弱，且极容易受到地面及天线耦合信号的干扰，因此在脱空资料解释上存在较大不确定性。以图6.55空气模型为例，模型长10m，深0.77m，在基层内部靠近面层的界面位置处，设置了6个长度相同高度不同的充气脱空模型，脱空范围见表6.6。从其合成的雷达时间剖面图6.56中只能看出脱空0.08～0.15m脱空顶底的界面反射，且反射子波存在局部叠加现象，准确定位存在难度。

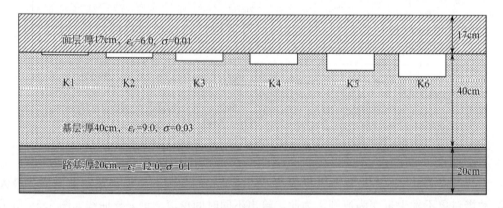

图6.55　空气脱空模型示意图

表6.6　脱空范围参数表

脱空编号	K1	K2	K3	K4	K5	K6
长×高/（m×m）	1×0.01	1×0.03	1×0.05	1×0.8	1×0.10	1×0.15

以2ns为滚动时间间隔，对图6.56剖面图进行滚动ARMA谱分析，获得图6.57所示的滚动谱剖面，并提取脱空顶部信号变化对比参数，如图6.58所示。

从谱剖面上提取的横向对比谱参数值（见图6.58），可以清晰发现，在脱空区域，滚动谱参数值均呈现低频特点。在两个低频区域之间产生的高频三角是由界面层面干涉造成的。

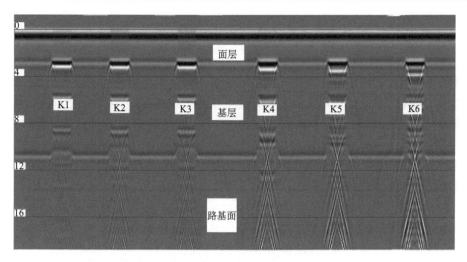

图 6.56 充气脱空病害数值模拟雷达剖面图

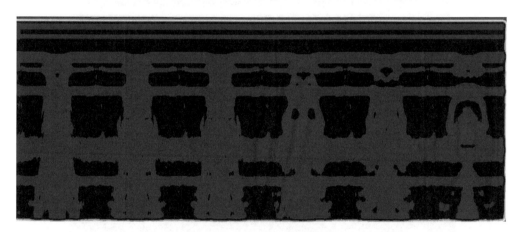

图 6.57 ARMA 滚动谱剖面

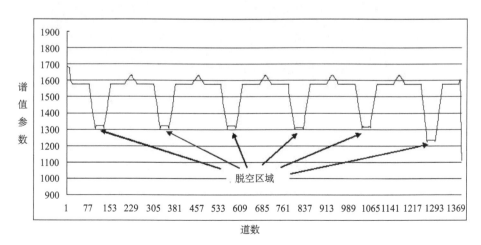

图 6.58 2ns 时滚动 ARMA 谱横向对比图

7. 道路病害雷达解释应用实例

1) 地下防空洞及松散探测应用实例一

对清华大学校园内的地下人防通道进行了雷达检测，采用的仪器设备是中国矿业大学（北京）自主研发的 GR 地质雷达，天线主频为 100MHz，采集的雷达时间剖面如图 6.59 所示，从雷达的时间剖面中，仅能大致看出人防空洞的位置，但是异常成像效果也并不明显，其他的异常根本没有显示。对其时间剖面上采用 10ns 滚动时间窗，进行滚动 ARMA 功率谱分析得到其滚动谱剖面，如图 6.60（a）所示，在其空洞顶点的位置取其横向谱值参量如图 6.60（b）所示。从其谱值参量中，可以明显地看出三个低频丰富区域，根据本章前面的分析，判断其中较大的低频区域就是地下的防空洞，其他两个较小的低频段为道路下面的疏松区域，后经开挖证实了该判断。

图 6.59　清华大学人防通道雷达探测时间剖面图

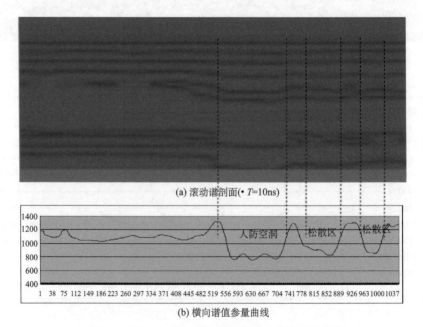

(a) 滚动谱剖面（·T=10ns）

(b) 横向谱值参量曲线

图 6.60　图 6.59 的滚动谱剖面和横向谱值参数曲线

2）高速公路脱空应用

利用探地雷达对某一高速公路进行质量检测，主要检测内容为道路结构层内部缺陷，采用仪器设备为是意大利 IDS 公司生产的 K2 型探地雷达，天线频率为 1.6GHz。图 6.61 为某一区间段的雷达采集剖面图。从剖面图中看，病害异常的反射特征不明显，对其进一步采用滚动 ARMA 功率谱分析，得如图 6.62 所示的滚动功率谱剖面，滚动时间窗为 4ns，在怀疑病害异常的位置处，提出其横向滚动谱值参量曲线，如图 6.63 所示，从其曲线图中，可以明显发现两个低频丰富的区域，据此判断其可能是因层面结合不密实造成的脱空区域，后经开挖证实了此判断，如图 6.64 所示。

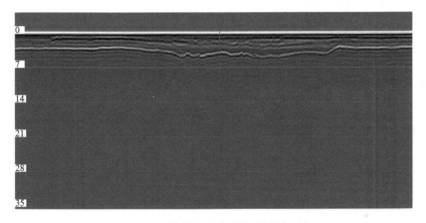

图 6.61　某高速公路雷达时间剖面图

图 6.62　滚动 ARMA 功率谱剖面图（$\Delta t = 4\text{ns}$）

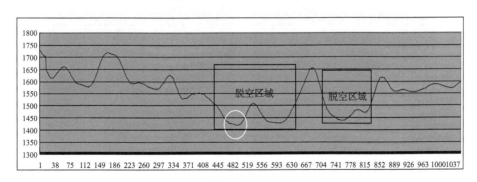

图 6.63　横向谱值参量曲线图

图 6.64　道路病害现场照片

3）高速公路桥头搭板空洞探测

2007 年 9 月对许禹高速公路上的桥梁搭板脱空进行检测，时间窗为 40ns，主频 900MHz。以里程 K18＋625 上行道 0 号台桥梁搭板为例，在检测时段，下面层刚铺设完毕，其中桥梁搭板厚度为 60cm，下面层 8cm。布置 4 条测线，如图 6.65 所示。雷达检测剖面如图 6.66 所示。

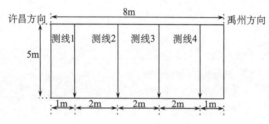

图 6.65　测线分布示意图

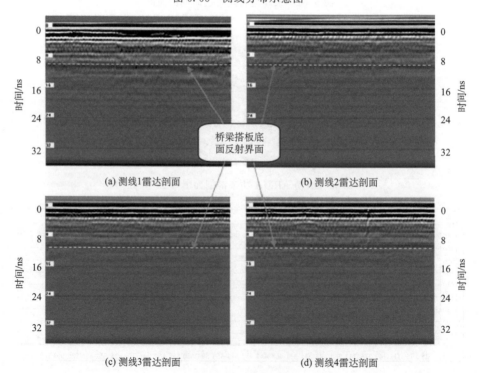

(a) 测线1雷达剖面　　　　　　　　(b) 测线2雷达剖面

(c) 测线3雷达剖面　　　　　　　　(d) 测线4雷达剖面

图 6.66　雷达检测剖面

　　从雷达检测剖面上看，桥梁底部反射信号能量较强，就能量角度而言，掩盖了脱空反射信息。为此以搭板底界面为起点，以 4ns 为时间窗口计算现代谱期望值，结果如图6.67 所示。

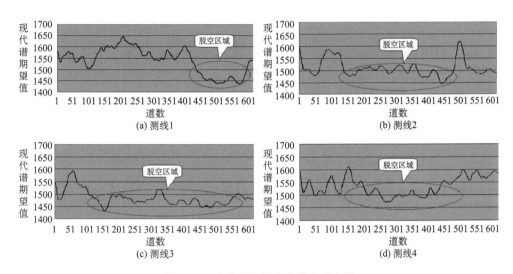

图 6.67　现代谱期望参数分布示意图

　　从前面模拟分析结果得出，当谱期望值小于 1530 时，基本可以确定为脱空现象，图 6.67 给出了不同测线的脱空位置分布信息。该桥头搭板脱空位置后经过注浆处理，注浆量达到 20t，注浆孔定位完全依赖分析结论。

参 考 文 献

邓春为，李大洪 . 2004. 地质雷达资料解释方法综述 . 矿业安全与环保，31（6）：23～24

费广正 . 2001. 可视化 OpenGL 程序设计 . 北京：清华大学出版社

公路工程质量检验评定标准（JTGF80/1-2004），发布日期：2005-1-12

胡广书 . 2004. 现代信号处理教程 . 北京：清华大学出版社

老大中，赵占强 . 2002. AutoCAD2000 ARX 二次开发实例精粹 . 北京：国防工业出版社

李大洪 . 2000. 地质雷达目标识别方法述评 . 煤炭科学技术，28（5）：49～51

李嘉，郭成超，王复明，等 . 2007. 探地雷达应用概述，地球物理学进展，22（02）：629～636

李明，高星伟，文汉江，等 . 2009. Kriging 方法在 GPS 水准拟合中的应用 . 测绘科学，（01）：106～107

李世国 . 1999. AutoCAD 高级开发技术——ARX 编程及应用 . 北京：机械工业出版社

李于剑 . 2001. Visual C＋＋实践与提高——图形图像编程篇 . 北京：中国铁道出版社

陆传赉 . 2003. 现代信号处理导论 . 北京：北京邮电大学出版社

清宏计算机工作室 . 2000. AutoCAD 工程二次开发 . 北京：机械工业出版社

尚游，陈岩涛 . 2001. OpenGL 图形程序设计指南 . 北京：中国水利水电出版社

孙波 . 2000. OpenGL 编程实例学习教程 . 北京：北京大学出版社

王家生，刘嘉焜 . 2003. 随机过程基础 . 天津：天津大学出版社

王清辉，王彪 . 2002. Visual C＋＋CAD 应用程序开发技术 . 北京：北京机械工业出版社

熊俊楠，马洪滨 . 2008. 变异函数的自动拟合研究 . 测绘信息与工程，33（01）：27～29

杨峰，姜河，孙水明 . 2006. 地质雷达异常编辑系统的设计与实现 . 见：中国地球物理第二十二届年会论文集，成

都：四川科学技术出版社

杨峰，彭苏萍．2007．基于谱剖面技术的路基病害地质雷达探测方法研究．公路交通科技，24（5）：6～9

杨峰，彭苏萍．2009．雷达探测桥头搭板脱空解释方法研究．公路交通科技，26（4）：37～41

杨峰．2004．地质雷达系统及其关键技术的研究．北京：中国矿业大学（北京）博士论文

杨峰，彭苏萍，苏红旗．2003．地质雷达剖面层位追踪及其应用．见：中国地球物理第十九届年会论文集．南京：南京大学出版社

袁明德．2003．探地雷达检测中如何计算速度．物探与化探，27（03）：220～222

翟波．2007．道路病害探地雷达解释方法研究．北京：中国矿业大学（北京）博士论文

张贤达．1999．现代信号处理．北京：清华大学出版社

张新宇，肖克炎，刘光胜等．2006．阿舍勒铜矿可视化储量计算的指示克里格法应用研究．吉林大学学报（地球科学版），36（02）：305～308

周鸣扬，赵景亮．2004．精通 GDI＋编程．北京：清华大学出版社

朱学军，陈昭荣．2002．用 ObjectARX 开发 AutoCAD 时的实体访问技术．计算机与现代化，(10)：57～59

Carr J R．2002．On visualization for assessing Kriging outcomes．Mathematical Geology，(4)：421～433

Feng Y．2002．Windows 图形编程．英宇工作室译．北京：机械工业出版社

Hansen T B，Johansen P M．2000．Inversion scheme for ground penetrating radar that takes into account the planar air-soil interface．IEEE Transactions on Geoscience and Remote Sensing，38 (1)：496～506

Iwashita F，Monteiro R C，Landim P M B．2005．An alternative method for calculating variogram surfaces using polar coordinates．Computers and Geosciences，31 (6)：801～803

Tacher L I，Pomian-Srzednicki，Parriaux A．2006．Geological uncertainties associated with 3-D subsurface models．Computers and Geosciences，32 (2)：212～221

第7章 地质雷达应用

地质雷达是近几年迅速发展起来的高分辨率、高效率的无损探测技术，随着人类对客观世界探索的需要，随着人类对地质雷达认识和开发能力的不断提高，地质雷达技术逐渐成为浅层探测的主流技术之一。地质雷达可以通过配备不同频率天线，满足不同深度和不同探测精度的要求，因此应用范围广泛，在不同的行业领域均有很多成功的应用案例。本章主要介绍地质雷达目前常用的领域。

7.1 煤矿应用

地质雷达技术在煤炭领域具有广泛的应用前景。在地面上可进行煤炭燃烧坍陷区域调查；在矿井可进行小构造探测、巷道地下水调查等。

7.1.1 地下煤火燃烧区域探测

小煤窑的不规范开采而遗留的废弃巷道、井下剩余煤柱与大量遗煤（包括井下遗弃的大量生产资料）为地下煤火的蔓延提供了有利条件；废弃巷道、地面塌陷、岩石裂隙相互贯通为煤矿的燃烧提供了所需要的空气循环条件。为了更好地有针对性地进行灭火，需要查清工作区废弃巷道、采空区以及塌陷区域。本节以乌达煤田火区为研究试验区，对工作区内煤田采空区进行地质雷达勘察。图7.1是由地下燃烧坍陷造成的地表裂隙，图7.2是典型的地下煤火造成地表沉陷。

图7.1 典型的地下燃烧坍陷造成地表裂隙

图7.2 典型的地下煤火造成地表沉陷

1. 典型燃烧塌陷区雷达探测剖面

图7.3和图7.4是采用中国矿业大学（北京）GR-2型雷达100MHz天线现场数据采集图片。采集参数：时间窗600ns，进行2次叠加。

图 7.3　100MHz 增强天线现场测试之一

图 7.4　100MHz 增强天线现场测试之二

　　图 7.5 和 7.6 分别是 e 测线和 f 测线雷达探测剖面，这两个剖面都反映地下煤火燃烧造成不同程度的塌陷，其中 f 测线的地下塌陷产生的裂隙贯穿到地面。坍陷破碎区的雷达判断依据：一些断裂带中的岩石破碎成不规则状，使介电常数产生很大的差异，在塌陷破碎带两侧反射波同相轴错动，破碎带两侧的波组关系很不稳定。塌陷破碎带都存在大量的不规则绕射现象，存在伴生裂隙现象。

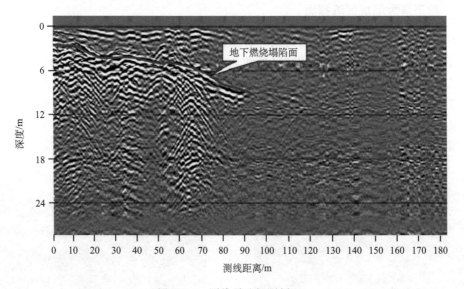
图 7.5　e 测线雷达探测剖面

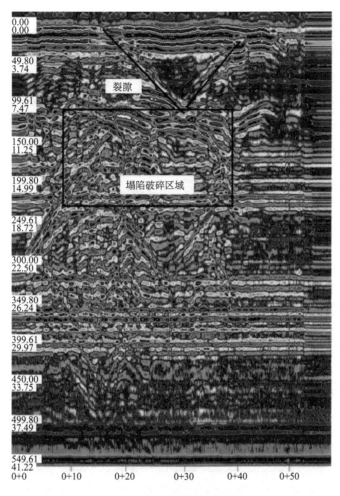

图 7.6　f 测线雷达探测剖面

2. 探测结果

图 7.7 是测线分布及成果图。表 7.1 是雷达探测地下燃烧塌陷区域的探测结果。

表 7.1　雷达探测地下燃烧塌陷区域的探测结果表

序号	测线名称	异常水平位置/m	异常深度/m	属性描述
1	a	10～18	14	沉陷破碎
2		50～60	8	沉陷破碎
3	b	40～55	9	沉陷破碎
4	c	20～50	6～9	沉陷破碎
5	d	0～15	8～10	沉陷破碎
6	e	0～80	3～15	沉陷破碎
7	f	10～40	9	沉陷破碎
8	g	10～50	9～16	沉陷破碎

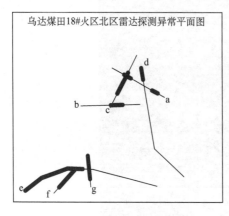

图 7.7　测线分布及成果图

7.1.2　煤矿陷落柱探测

岩溶陷落柱在我国华北石炭二叠纪煤系地层中广为分布，由于陷落柱贯穿于岩溶发育的奥灰和煤系地层之间，即使陷落柱在天然条件下是不导水的，但由于开采活动对其导水性能的改造，陷落柱往往成为奥灰与煤系地层之间联系的通道，井巷或采煤工作面一旦接近或揭露陷落柱时，则可能产生突水，水量一般较大，但是，并非所有的岩溶陷落柱均导水。因此查找陷落柱，同时判断是否含水具有重要意义。简单地说，陷落柱是煤田开采中常见的一种地质体，陷落柱是不容忽视的重要地质灾害。

图 7.8 是淮南某煤矿巷道内陷落柱雷达探测剖面，该地段存在一个较大陷落柱，关键需要探测该陷落柱是否含水。从探测结果看，在巷道侧面 20m 处存在一个能量吸收区域，该区域由于反射能量很弱，判断为干燥的松散区域，与地质资料比对，该松散区就是陷落柱所在，也表明该陷落柱为无水陷落柱，如果为含水陷落柱，必然存在很强的反射能量。

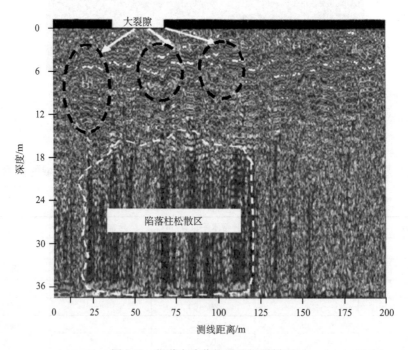

图 7.8　巷道内陷落柱雷达探测剖面

7.1.3　煤矿巷道地下水探测

突水造成的直接经济损失一直为各类煤矿灾害之首。过去 20 年间，有 250 多对矿井被水淹没，直接经济损失高达 350 多亿元。近年来，矿井突水灾害呈不断上升趋势，近 5 年所发生的矿井突水事故比前 10 年的总和还多。随着矿井水文地质条件的复杂化，突水事故还会越来越严重，因此研究矿井地下水的探测技术具有重要意义。

图 7.9 为对淮南板集煤矿七号交叉点底板和南帮做的质雷达探测区域结构示意图，测线长度为 60m，选取测点为 6 个。对底板探测从 1 号点开始到 6 号位置点结束；对南帮探测时，从 6 号开始到 1 号点结束。巷道顶板为 4-2 煤层，层厚约 2m，底板为花斑泥岩，层厚约 20m。

探测设备采用中国矿业大学（北京）研制的 GR-2 型地质雷达主机，天线采用大功率 180MHz 双极发射天线。

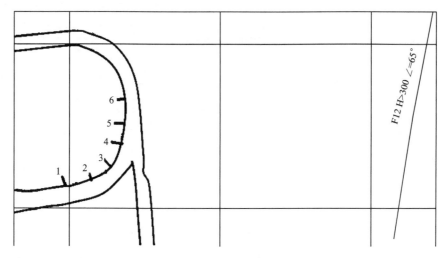

图 7.9　雷达探测区域结构示意图

图 7.10 和图 7.11 分别是对底板和南帮雷达探测剖面。图 7.10 显示在巷道底板存在狭长的破碎带，由于能量较弱，没有明显水源渗透现象。图 7.11 显示巷道南侧存在小破碎带，因为能量不强，没有大量积水现象。

7.1.4　煤矿巷道隐患探测

煤与瓦斯突出是煤矿中严重的自然灾害之一，是煤体在地应力和瓦斯的共同作用下发生的一种异常的动力现象，表现为几吨至数千吨、甚至达万吨以上的破碎的煤岩在数秒至几十秒时间内由煤岩体向采掘空间抛出，并伴有大量瓦斯涌出。危害轻的突出摧毁采掘空间设施，破坏采掘设备；危害严重的突出会发生煤岩埋人，涌出的瓦斯能造成局部地区乃至整个矿井风流反向和充满高浓度瓦斯气，引起人员窒息，甚至引起瓦斯燃烧或爆炸，造成人员伤亡。我国是世界上煤与瓦斯突出最严重的国家，有约 250 对矿井发

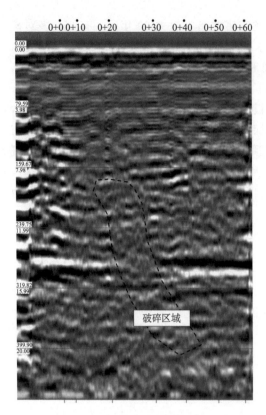

图 7.10　底板雷达探测剖面图

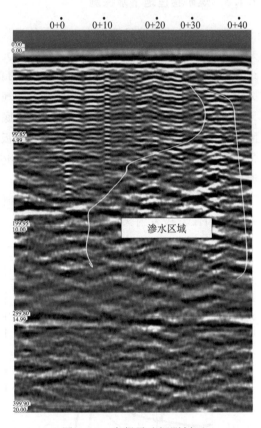

图 7.11　南帮雷达探测剖面

生了煤与瓦斯突出，分布在国有重点煤矿、地方国有煤矿和乡镇个体煤矿。据不完全统计，突出煤层数约在 500 个（以矿井为单位计算煤层层数）。我国的突出矿井数占世界突出矿井总数的 45%。我国迄今累计突出次数约 1.43 万次，占世界突出总次数的 35%。突出死亡人数在世界上也最为严重。煤与瓦斯突出这种自然现象，具有突发性、不完全的可知性（包括突出机理等很多问题，在理论上尚未研究清楚），因而要想完全防止它的产生，在目前的技术水平下还是难以做到的。

　　研究表明，地质构造对煤与瓦斯突出的发生具有重要影响，褶皱、断层等不同的构造是地应力分布、瓦斯分布、构造煤形成的主要因素。

　　本章采用雷达探测隐存在煤层内部的局部突变结构，这些异常结构往往是构造附带引起的，也是煤与瓦斯容易发生突出的地段。

　　图 7.12 是淮南某矿区的地质雷达探测剖面，采用中国矿业大学（北京）研制的 GR-2 型地质雷达，采用 180MHz 增强型天线，时间窗为 600ns。在这 170m 巷道内，发现可能出现的构造异常两处，从局部绕射形态分析，50m 处的异常体较为破碎。

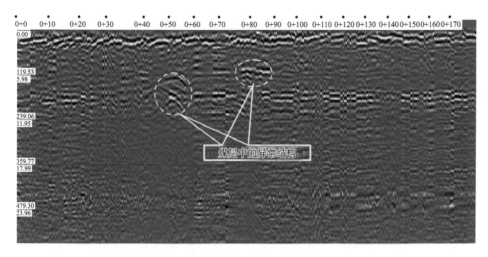

图 7.12　煤层中异常结构雷达探测剖面图

7.2　城市管线探测

地下管线就如人体的"神经"和"血管"，日夜担负着水、电、信息和能量的供配与传输，是城市赖以生存和发展的物质基础，地下管线是城市的重要基础设施。城市地下管线铺设现状的基础资料是城市进行规划、设计、施工、建设和管理的重要依据。城市地下管线探测是城市公共安全的重要技术支持，也是建立地下管线数字信息管理系统的重要数据来源。

7.2.1　城市地下金属管线探测

城市地下金属管线主要有雨水管、污水管和自来水管线等。图 7.13 和图 7.14 分别为地下雨水管和自来水管线，管径均为 300mm，管顶埋深分别为 1.5m 和 3m。图 7.15 为探测现场，路面为柏油路。采用 100MHz 增强型天线探测，主机采用中国矿业大学（北京）研制的 GR-2 型地质雷达。

图 7.13　地下雨水管

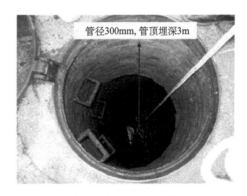

图 7.14　地下自来水管线

图 7.15　　100MHz 大功率探测现场

　　图 7.16 和图 7.17 分别是针对雨水管线和地下自来水管线雷达探测剖面，探测天线采用 100MHz 普通天线。对于 1.5m 以外深度，小功率 100MHz 雷达天线探测目标体主要以辐射场能量为主，由于辐射信号能量衰减很快，在 1.5m 左右的管线具有较好的反映，一旦深度超过 3m，探测效果较差。从图 7.17 很难辨识管线的反射信号，在 2m 深度以下，信号穿透能力明显减弱。为此针对深度管线，采用低频大功率天线探测，图 7.18 和图 7.19 采用 50MHz 天线同一测线雷达探测剖面，与 100MHz 大线相比发射功

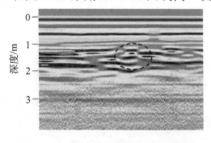

图 7.16　地下雨水管雷达探测剖面

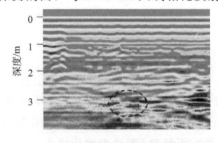

图 7.17　地下自来水管线雷达探测剖面

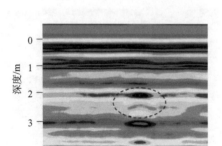

图 7.18　采用 50MHz 天线同一侧地下
雨水管雷达探测剖面

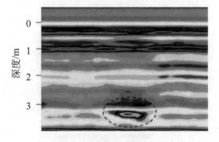

图 7.19　采用 50MHz 天线同一侧地下
自来水管线雷达探测剖面

率加大 100 倍。从探测剖面可以看出，地下管线信息明显得到加强，其原因除了加大发射功率有较强的反射信号外，由于采用 50MHz 天线，电磁波近场感应信号也得到加强，其管线反射信号是近场感应能量和辐射能量综合的探测结果。

7.2.2　城市地下非金属管线探测

近年来，随着新技术在管道制造方面的应用，出现了越来越多的非金属管道，如材质为水泥混凝土、PVC、UPVC、PE 等，由于传统的地下管线探测理论是建立在金属管道的基础上，地质雷达利用波阻抗分界面差异实现地下非金属管线探测。

图 7.20 是位于中国矿业大学（北京）科技楼侧面的混凝土管线结构示意图。道路边上的雨水槽通过水泥管与道路中央的污水管相连。为了探测连接水泥管的走向，采用中国矿业大学（北京）研制的 GR-2 型地质雷达 600MHz 天线探测，图 7.21 是地质雷达探测剖面。

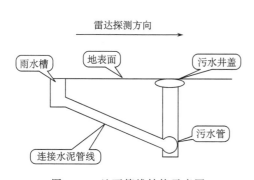

图 7.20　地下管线结构示意图

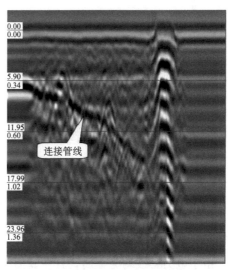

图 7.21　600MHz 天线地质雷达探测剖面

从图 7.20 可以明显看出地下连接水泥管的走向和埋深分布。

在城市建设中具有重要地位，热力管道和燃气管道管一般采用非金属材质，现在采用地质雷达来探测非金属管道的位置及埋深。本次探测同样采用 100MHz 天线和 50MHz 功率增强天线对比，看看探测结果有什么差异。本次探测热力管线的埋深 2m，管道管径约 600mm；探测燃气管线的埋深 2.3m，管道管径约 300mm。图 7.22 为 100MHz 天线探测现场。

图 7.23 和图 7.24 是分别采用 50MHz 大功率天线和 100MHz 天线雷达探测剖面。由于采用非金属材料，50MHz 天线对管线近场的感应能量不如金属管线大，管线的反映主要以辐射能量为主，在 100MHz 天线能量有效穿透范围内，其探测精度和探测效果均优于 50MHz 增强型天线。

对比金属管线和非金属管线雷达探测结果，对金属管线而言，加大功率和降低频率，

图 7.22　100MHz 天线探测现场

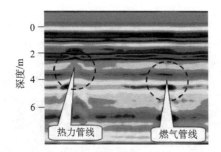

图 7.23　50MHz 天线雷达探测剖面

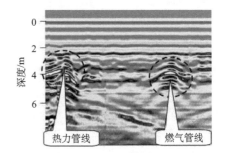

图 7.24　100MHz 天线雷达探测剖面

增强感应能量，可以达到好的探测效果；对非金属管线而言，辐射能量起到主导作用。

7.2.3　城市地下电力管线探测

　　由于电力管线均为金属，且在其周围产生电磁场，利用地质雷达方法具有良好的探测效果。图 7.25 是地质雷达探测电力管线剖面，剖面具有明显的多次反射，这与电力线自身激发电磁场有关。

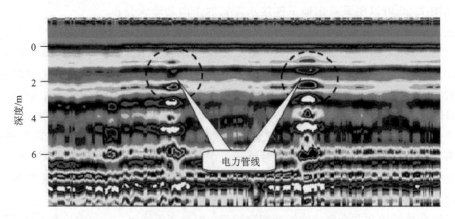

图 7.25　电力管线雷达探测剖面

7.3　公路铁路隧道检测

公路隧道使用中出现的种种质量问题一般是在施工过程中产生的，如渗漏水、衬砌开裂和限界受侵等，因此必须对施工质量进行检测，对质量问题及时进行处理，确保隧道正常使用。隧道混凝土衬砌是隧道的主要承载结构，是隧道防水的重要工程，其施工质量的好坏对隧道长期稳定、使用功能的正常发挥具有很大的影响。目前，隧道混凝土衬砌常见的质量问题有衬砌与围岩结合部的缺陷、局部裂缝、混凝土强度不够、衬砌厚度不足等。针对隧道施工中可能出现的质量问题，采用雷达检测技术，对混凝土衬砌与围岩结合部出现的脱空、回填欠实、富水区圈定、衬砌厚度等进行无损检测，及时发现问题，为采取加固措施消除隐患提供依据，起到了对隧道施工质量实时监控的作用。随着检测技术的不断完善，雷达检测技术已成为隧道施工质量监控不可缺少的重要技术手段。

7.3.1　隧道衬砌厚度检测

1. 衬砌特征

混凝土衬砌厚度检测是隧道施工质量的重要指标，它直接影响衬砌结构承载能力和隧道运营使用寿命。混凝土衬砌厚度的计算处理，要先对电磁波波形所反映出的衬砌结构有一明确的认识。

图 7.26 是隧道衬砌结构雷达实测扫描波形图，我们对其进行分析：空气的介电常数为 1，二次衬砌混凝土的介电常数通过标定得出为 4，由公式(2.52)计算得出其反射系数值为负，因此将衬砌表面零点的反射界面定在负相位上；从两条呈指数规律衰减的曲线上可以看出，电磁波在有耗介质中传播，其吸收系数决定了电磁波场强的衰减速率。

初期支护层的介电常数通过标定得出为 6.4，同理，其介质反射界面亦定在负相位上；由于初期支护喷混凝土材料中加有钢纤维，致使介质的各个谐波分量的相速和吸收系数产生明显差别，造成了电磁波波形发生畸变。

回填欠实区的主要特点是孔隙度大，电磁波近似于在空气中传播，则计算反射系数为正，即反射界面相位定在正相位上；由于空气的吸收系

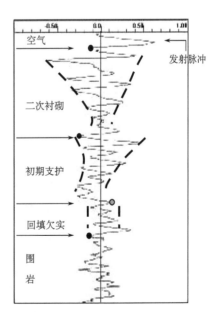

图 7.26　雷达实测扫描波形图

数为 0，其电磁波场强基本上不衰减，所以电磁波衰减曲线呈平行状态。

围岩介质的组成成分相对复杂，在电磁波波形特征上表现为宽频，衰减曲线的不规

则性和反射相位的不确定性。一般情况下，围岩的含水量大于衬砌结构介质的含水量，所以多数情况下层面反射相位在负相位上。

2. 层位追踪

图 7.27 是典型的混凝土衬砌结构雷达扫描图像。从图中可以清晰地分辨出各个不同介质的波形特征：混凝土衬砌由于介质均匀，反映出其频率单一、对电磁波波幅较强的吸收，由于二次衬砌与初衬施工工艺的差异，亦产生出明显的反射界面；初衬与围岩之间由于超挖回填的块石结构，在雷达回波波形上表现为较单一的低频特征，反映出其孔隙度大，密实程度较差的电性特点；围岩介质相对复杂，其波形反映出较为繁杂的多频率和波幅变化的复合特征。

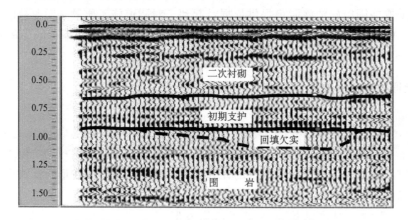

图 7.27　混凝土衬砌结构层雷达扫描图像

根据雷达回波波形分辨出的混凝土衬砌结构，以及获得的电磁波在不同介质中的传播时间、速度，就可计算得出混凝土衬砌厚度，为评估施工质量提供数据。

7.3.2　钢筋及金属构件检测

1. 雷达图像特征

由于金属是良好的电磁导体，对雷达波的信号反射非常明显，在隧道混凝土衬砌检测图像中可清晰地呈抛物曲线表现出来，如图 7.28 所示。

2. 钢筋与混凝土结合密实程度

钢筋与混凝土紧密结合才能保证混凝土的强度，而且钢筋也不容易受腐蚀破坏。图 7.29 是雷达探测钢筋分布图像，图像左侧为钢筋与混凝土紧密结合；而右侧在钢筋周围存在空隙，由于存在空隙，雷达波在空隙面和钢筋面存在较多杂乱反射，而且能量较强。

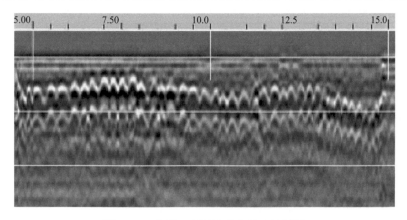

图 7.28　混凝土内钢筋排布雷达检测图

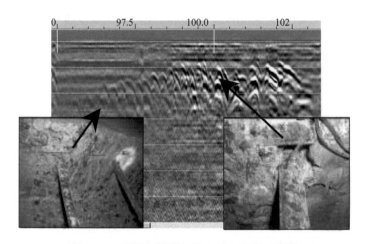

图 7.29　钢筋与混凝土结合密实程度对比图

3. 钢筋粗度计算研究

利用雷达检测技术进行钢筋直径的检测,从原理上是可行的。我们知道,雷达检测的技术原理是利用电子技术的手段,对检测目标发射电磁波,电磁波在目标物体内进行传播时,由于介质的电磁特性不同,其介电常数 ε_γ 也会存在差异,在不同物体的交界面,会形成介质电磁特性差异的界面 $\Delta\varepsilon_\gamma$;物质介电常数的差异越大,则 $\Delta\varepsilon_\gamma$ 的值也越大,我们称其为介电常数的突变;当电磁辐射传播到这个界面时,根据电磁波的传播原理,会形成较强的电磁波反射信号。对电磁波反射信号进行分析,可以得到反射信号传播时间与反射界面之间的空间位置关系,从而达到对未知目标体进行无损检测的目的。目前,雷达无损检测技术就是基于这个基本原理实现的。

在对混凝土构件的预埋钢筋进行检测时,由于混凝土与钢筋的介电常数存在较大的差异,因此,存在强烈的绕射信号,在雷达剖面图上反射信号会有清晰的抛物线线形(见图 7.30),是利用雷达手段进行钢筋直径的检测的基础。

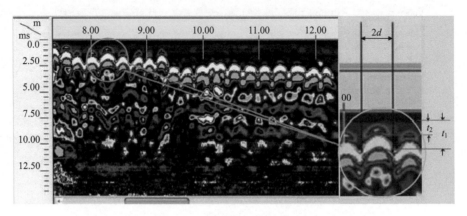

图 7.30　钢筋雷达检测剖面图

雷达天线的电磁波以一定的发散角向检测目标表面辐射，随着天线的移动，当目标钢筋进入天线辐射的能量范围时，较强的反射信号就开始形成，这就是抛物线波形的尾部；当天线移动至钢筋的正上方时，此时的反射信号就是抛物线的顶部。由于钢筋直径的不同，抛物线的线形也会产生相应的变化，我们通过对抛物线线形宽度和高度的时间及位置数据的分析，建立了钢筋直径与上述参数的数学分析模型，以达到利用雷达检测技术方法对预埋钢筋直径进行检测的目的。

1) 测试条件

由于钢筋检测的特殊要求，在进行该项检测时，应满足以下条件：

(1) 雷达仪器采用高频天线，如 2.5GHz 以上，确保检测的精度和分辨率。

(2) 由于雷达天线分辨率和精度的不同，所得到的抛物线图形也会不同，为此会造成数据结果分析上的误差，因此，对不同的雷达设备应进行前期的标定和校核，并与已知钢筋混凝土模块测量结果进行标定计算，得到雷达检测结果与实际钢筋直径的相关公式。

(3) 特别注意的是在采样过程中，为保证测试结果的精度，必须使用很小的道间距，道间距越小，数据的精度越高。若用道间距控制条件有限时，可以采用时间采集方式，天线移动速度要均匀缓慢。

2) 分析计算

钢筋检测的结果分析计算分为如下两个步骤。

(1) 雷达检测数据的读取：雷达数据处理工作的第一步是数据读取，需从雷达检测所得的剖面图抛物线上读取 t_1、t_2 和天线移动距离 $2d$。其中 t_1 为抛物线尾部的反射时间，t_2 为抛物线顶部的反射时间（见图 7.30）。

(2) 数据分析计算：根据天线和钢筋的几何位置关系（见图 7.31），设天线发射中心至钢筋直径反射线与检测表面的夹角为 α 可以得出下述关系：

$$\sin\alpha = \frac{h+r}{R+r} \tag{7.1}$$

$$\cos\alpha = \frac{d}{R+r} \tag{7.2}$$

根据 α 角的三角函数关系

$$\sin^2\alpha + \cos^2\alpha = 1 \tag{7.3}$$

可得

$$\left(\frac{h+r}{R+r}\right)^2 + \left(\frac{d}{R+r}\right)^2 = 1 \tag{7.4}$$

经简化后

$$r = \frac{1}{2}\left(\frac{d^2 + h^2 - R^2}{R - h}\right) \tag{7.5}$$

将 $R = \frac{1}{2}v \cdot t_1$；$h = \frac{1}{2}v \cdot t_2$；$v = \frac{c}{\sqrt{\varepsilon_r}}$，代入式(7.5)可得钢筋半径参量计算公式

$$r = \frac{4d^2 + \dfrac{c^2}{\varepsilon_r}(t_2^2 - t_1^2)}{\dfrac{4c}{\sqrt{\varepsilon_r}}(t_1 - t_2)} \tag{7.6}$$

式中，t_1 为钢筋雷达反射波抛物线尾部走时；t_2 为钢筋雷达反射波抛物线顶部走时；$2d$ 为天线移动距离；ε_r 为埋设钢筋介质介电常数；$c = 0.3\mathrm{m/ns}$。

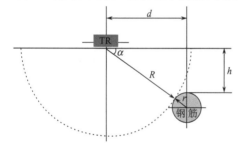

图 7.31　钢筋与雷达天线几何位置关系图

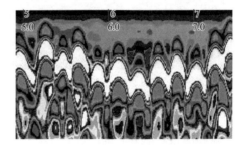

图 7.32　钢筋雷达检测剖面图

3）实例

在对雷达图像（见图 7.32）进行参数读取分析，代入公式(7.6)得到钢筋半径参量，表 7.2 为相应测得钢筋直径大小。

表 7.2　钢筋直径检测结果计算表

序号	天线移动距离 $2d/\mathrm{m}$	抛物线尾部走时 t_1/ns	抛物线顶部走时 t_2/ns	埋设钢筋介质介电常数 ε_r	钢筋直径计算结果/mm
1	0.180	1.699	1.025	9.0	10.42
2	0.230	2.373	1.465	9.0	9.94
3	0.210	2.109	1.289	9.0	9.90
4	0.200	2.490	1.346	9.0	9.38
5	2.290	2.988	1.699	9.0	9.19
6	0.270	3.135	2.109	9.0	9.31

续表

序号	天线移动距离 $2d/m$	抛物线尾部走 时 t_1/ns	抛物线顶部走 时 t_2/ns	埋设钢筋介质 介电常数 ε_r	钢筋直径计算 结果/mm
7	0.240	2.607	1.670	9.0	9.31
8	0.220	2.373	1.582	9.0	10.82
9	0.260	2.842	1.316	9.0	9.65
10	0.220	2.197	1.289	9.0	9.22
钢筋直径判定结果/mm					10

检测时间：2008.7.17

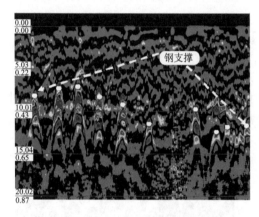

图 7.33 衬砌内钢支撑雷达检测剖面

4. 钢支撑检测

初衬内钢支撑是承载的主要结构，钢支撑的铺设只有满足设计要求，才能达到设计承载力。因此，钢支撑的检测也是公路隧道施工质量检测的重要内容。图 7.33 是雷达检测钢支撑的分布剖面。

7.3.3 隧道衬砌质量检测

隧道混凝土衬砌在喷混凝土或浇注施工中，由于不慎或其他原因，常常在衬砌内部或衬砌与围岩结合之间形成脱空、浆砌回填不密实、衬砌结构局部裂缝、排水不利形成局部水囊等缺陷，这些缺陷的存在降低了衬砌的承载能力并可能造成衬砌的早期损坏，直接影响隧道的使用寿命。利用雷达检测技术进行衬砌无损检测可以及时发现这些隐患，这对于施工单位及时采取相应的补救措施，提高衬砌质量具有十分重要的意义。

1. 空洞的波形特征

图 7.34 是隧道衬砌施工质量雷达检测经验证衬砌背后存在空洞的实测扫描波形图。电磁波从混凝土层介质入射到空洞（即空气）中，其 $\varepsilon_2 < \varepsilon_1$，即反射系数值为正，所以空洞洞室的顶界面定在正相位上。由于空气的吸收系数为 0，电磁波振幅基本不衰减的特征进一步证明了空洞的存在。当电磁波从空气入射到围岩介质中，其 $\varepsilon_2 > \varepsilon_3$，即反射系数值为负，则洞室的底界面定在负相位上。由此可计算出空洞的大小尺寸和规模。

图 7.35 是典型的混凝土衬砌层内空洞雷达扫描图像。图中混凝土与空气两种不同介质的电磁特性差异较大，而产生强的反射波组，其中电磁波在空洞中的振幅呈现出不

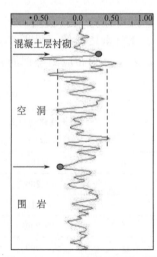

图 7.34 空洞雷达实测扫描

衰减的特征。经开挖验证：衬砌厚度只有
16cm，可见空洞深度大于1m。

2. 水的波形特征

图7.36是对隧道开挖时所遇涌水溶洞雷
达探测波形图。我们知道"介质的含水量变
化与介电常数值成正比，其衰减系数会随着
介电常数的增加而减小"，从波形图上可以反
映出灰岩含水、富水到溶洞饱和水的变化过

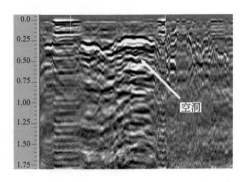

图 7.35　混凝土衬砌层内空洞雷达扫描图像

程。由于溶洞水承压向上翻涌，推断溶洞内
呈饱和水状态，从波形视频率特征判定溶洞反射界面在负相位上，进而对比追踪出溶洞
的边界轮廓及位置。同样，水在衬砌结构中形成的水囊缺陷亦有相似的表现特征。

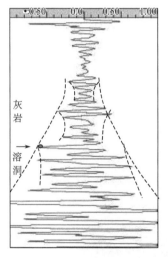

图 7.36　涌水溶洞雷达实测扫描

层内充水：图7.37为隧道衬砌结构层内充水雷
达检测剖面图像。从图像中反映出衬砌结构层内存
在明显雷达波强反射波组的积水特征，其中有两处
呈现出饱和状态的富水区，并通过衬砌结构薄弱点
形成渗漏水通道而直接导致病害发生。

3. 围岩扰动

在隧道开挖过程中，由于控制爆破及围岩不稳
定等多种原因，造成围岩扰动失稳，如不及时处理，
会给安全生产及今后的运营带来隐患。图7.38是一
典型的围岩扰动雷达扫描图像。从图像可分辨出围
岩扰动区较强的电磁波低频漫反射，表现出围岩松
散介质不均匀的电磁响应特征。

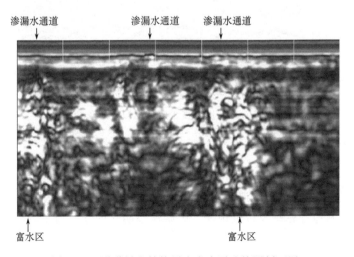

图 7.37　隧道衬砌结构层内充水雷达检测剖面图

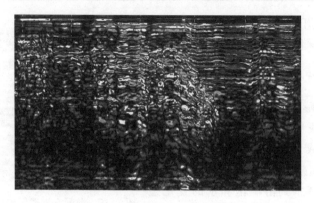

图 7.38　围岩扰动雷达扫描图像

4. 围岩富水区

　　水害是隧道病害的主要表现形式之一，查清水源是治理病害的根本。通过雷达探测可圈定出围岩富水区及可能形成的渗漏水通道，为根治病害提供可靠依据。图 7.39 是一典型围岩富水的雷达扫描图像。图像所反映出的"介质含水量变化与介电常数值成正比，其衰减系数会随着介电常数的增加而减小"的电磁波反射特征。

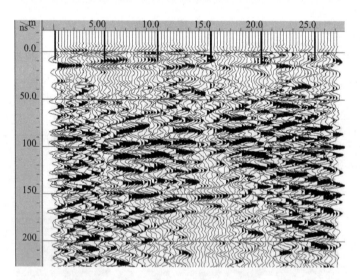

图 7.39　围岩富水区雷达扫描图像

5. 溶洞

　　图 7.40 是隧道开挖过程中遇到的涌水溶洞雷达探测图像。从图像上可以分辨出呈饱和水状态的溶洞边界轮廓及位置规模。电磁波呈明显的强反射正峰异常。

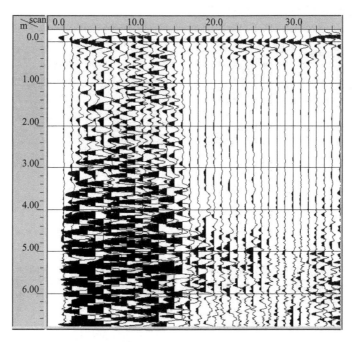

图 7.40　涌水溶洞雷达探测图

　　使用雷达检测技术手段对建设中的隧道施工质量进行实时监控检测，对发现隧道施工的缺陷隐患，及时采取处理措施，既保障了施工质量和安全，又减少了经济上的重复投入。

6. 回填不密实

　　在超挖区域，个别施工单位为了减少投入，在超挖区域处理上没有按照设计要求，仅仅使用大的碎石堆积，里面用松散的沙土填充，外面用钢筋支护，图 7.41 现场处理超挖区域照片，乱石堆积极为严重。当二衬施工完毕后，从外部看不出衬砌内部不密实的任何痕迹。图 7.42 是不密实区域压浆处理前后雷达检测的对比结果。尽管不密实经过压浆处理，其密度效果得到良好改进，但是和周围介质还是存在明显差异。

图 7.41　回填施工照片

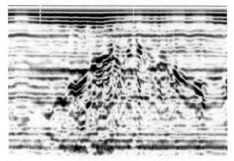 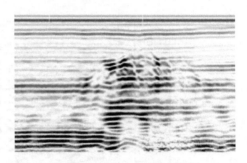

(a) 处理前开孔验证为充填黄土　　　　　　　　(b) 处理后松散黄土已被压浆固实

图 7.42　回填不密实压浆前后对比雷达剖面

7. 拱顶施工缝

目前隧道主要采用模筑泵送混凝土工艺进行二次衬砌施工，这种施工工艺若方法不当，容易在拱顶施工接缝处出现三角形空洞，如图 7.43 所示。图 7.44 是地质雷达探测三角形空洞结果。

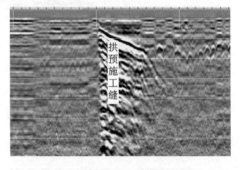

图 7.43　拱顶施工缝

图 7.44　拱顶施工缝雷达探测
三角形空洞剖面

8. 层间脱空检测

在隧道的拱顶、拱腰和拱角部位，由于混凝土自重作用，容易在衬砌和围岩之间或初衬和二衬之间产生空隙。如果大面积的空隙存在，就形成脱空现象，在雷达图像上表现为很强的反射信号，如图 7.45 所示。

图 7.45　脱空雷达探测剖面

7.4　隧道超前预报

使用地质雷达对隧道（洞）进行地质超前预报是目前国内较为常用的方法，并在水电、铁路等行业领域被纳入相关规程之中。在对所取得的雷达探测数据进行解译上各有不同方法，大部分以地质专家为主，他们提供一些辅助资料和建议进行综合研究，其多数结果尚难以对探测前方的地质体作出量化分析，给出定性解译结论。

对隧道掌子面超前预报的解释上可以从时间剖面和频谱分析进行。

7.4.1　频谱分析应用

1. 频谱分析

任何信号都可分解为许多不同"振幅"和不同"频率"的"谐振动"，而频谱分析就是分析这些信号所表现出的直观特征，以及这些信号在图谱上的能量（振幅）在频域上的分布情况。

雷达天线发射的电磁脉冲信号在物体内传播时，会受到物体介电常数的影响而产生变化，这些变化表现在电磁波的空域、时域和频域方面，都引起雷达图谱的变化。本节主要针对物体的这种变化特性，浅析雷达电磁波在探测目标体时，在频域内所表现出的频响特征。

雷达天线发射的电磁波在波阻抗差异碰到目标体时，将发生反射、折射、衰减、频率变化等现象，导致电磁波的频谱表现出不同的特征。而这些特征是与目标物体的电性参数密切相关的。如果对接收到的雷达波信号进行傅里叶分析后，可以得到雷达波频率与能量分布的关系曲线。分析不同频率的雷达能量的分布情况，可以寻求其中存在的相关关系，从而为解决目标物体物性特征的检测手段提供一种新的思路和解决方法。

为了解不同介质雷达波的频谱特征，采用 900MHz 天线，以某公路路面基层材料雷达检测试验结果为例，对常见单一材质和级配碎石层材料进行频谱分析（见图 7.46、7.47）。

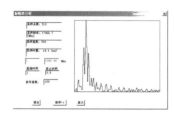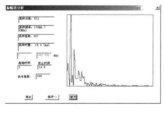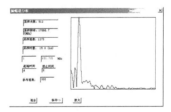

空气: 雷达波频谱特征　　　水: 雷达波频谱特征　　　花岗岩: 雷达波频谱特征
主频: 1000 MHz　　　　　　主频: 360 MHz　　　　　　主频: 700 MHz

图 7.46　土工材质三相基本成分——雷达波频谱特征

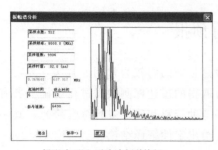

级配碎石层: 雷达波频谱特征
主频: 580 MHz
频率范围: 340~1070 MHz

图 7.47　级配碎石层复合材料——雷
达波频谱特征

对空气数据反映了雷达发射的天线设定中心主频参数频率不受任何介质干扰而产生的谱值特征；而对水则反映出低频单峰谱值的特点；其他材质频谱特征（见图 7.46）除反映出与之相对应的谱值范围变化外，还反映在与介质的构成和谱线轮廓形状上。

使用不同频率天线对常见材料介质测得的雷达波进行频谱分析，不同介质的频谱特征是有明显区别和规律的（见表 7.3）。

归纳雷达波频谱分析的结果，雷达波反射波形反映了不同介质的电磁物性对雷达波的频响特征：

（1）相同岩性的反射波同相轴连续，不同岩性的反射波视频率存在差异；

（2）振幅变化反映出岩层裂隙发育及含水量的富存情况；

（3）频率高低反映岩性的相对质密（软硬）程度。

表 7.3　路基路面材料介质雷达波频谱特征

材料介质	900MHz 天线			400MHz 天线			100MHz 天线		
	主频/MHz	范围/MHz	特征	主频/MHz	范围/MHz	特征	主频/MHz	范围/MHz	特征
空气	1000	—	单峰	380	—	单峰	150	120~170	单峰
水	360	—	单峰	120	—	单峰	14	11~19	单峰
岩石（花岗岩）	700	—	单峰	250	—	单峰			
土壤（湿）				280	210~310	多峰	17	11~26	多峰
土壤（干）	1050	580~1121	多峰						

2. 介质元素构成分析

任何介质元素都具有不同的物性特征，利用不同介质元素的电磁特性，对雷达反射波频响特征所反映出的衰减（吸收）规律、共振、频率等差异现象，研究其频率域的频谱特征。从谱线轮廓形状和影响频带宽度可以分析计算出材质构成的介质元素及含量。

1）材质构成比经验计算

通过对某公路路面基层级配材料雷达检测频谱分析结果与现场取样实验室分析结果对比，归纳总结出对应于路面基层材质雷达波峰谱面域（F_d）与不同介质元素的峰谱面域（如 F_w、F_a、F_s）构成比率关系，如图 7.48 所示。

通过以下经验公式可计算出不同介质元素对应峰谱面域的比值来得到其含量（%）。

a. 含水量

$$w = \frac{F_w}{F_d} \times 100\%$$

b. 孔隙率

$$n = \frac{F_a + F_w}{F_d} \times 100\%$$

c. 骨料配比　　　　　　　　　$s = \dfrac{F_s}{F_d} \times 100\%$

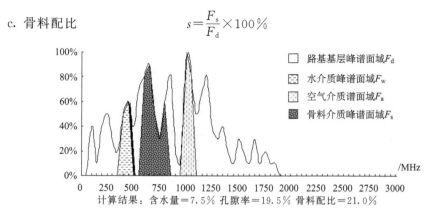

图 7.48　路面基层（级配层）雷达波谱主要介质元素频域分布图

2）定性分析

不同材质的频谱特征反映在峰谱轮廓的形态变化上，通过对不同介质元素测定（标定）出峰谱轮廓及频域范围特征，来确定材质的构成成分。

从图 7.49 看出：不同时间窗口的频谱分析结果所反映的岩层物理信息有明显的差异特征，掌子面前方 0～2.5m 波形衰减变化小，反映出围岩开挖被扰动松散的特征；0～8m 频谱主频 $F_{max} = 63MHz$，谱峰单一反映介质单一，为较完整的炭质页岩；8～13m 频谱主频 $F_{max} = 96MHz$，接近 100MHz 天线设计中心频率，并呈多次波反射，反映出炭质页岩中存在的破碎松散带；16m 处岩性变化界面反射明显，其探测前方频谱主频 $F_{max} = 57MHz$，较 0～8m 段频谱主频低，反映了岩层相对含水增加的物性特征。

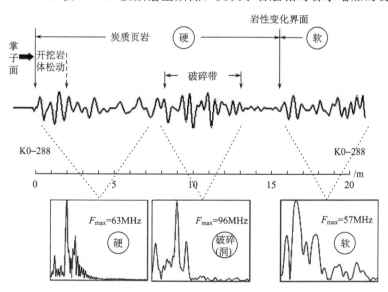

图 7.49　雷达反射波不同窗口频谱特征

相同岩性的反射波同相轴连续，不同岩性的反射波频率存在差异，振幅变化反映出岩层裂隙发育及含水量的富存情况，频率高低反映岩性的相对质密（软硬）程度。

3）半定量分析

每种介质元素的峰谱强度，与它们在材质中的含量有关，所以通过对峰谱强度的比较，就可以半定量确定材质中各介质元素的构成比。

图7.50是一个典型的雷达地质超前预报剖面图像，掌子面观测岩石性质为灰岩且完整。4～6m有一明显的界面存在，因界面前后反射波同相轴连续，频率变化差异不大，推断为规模较明显的节理面；根据探测剖面雷达图低频强反射区域分布圈定出异常范围，对异常区雷达波的频谱分析得到其频谱主频为 F_1 为17～45MHz（100MHz天线对水标定结果得知其频谱主频为11～19MHz），则推断异常区为岩溶发育区，并富存呈水饱和状态的充填物；在对剖面中部12～16m溶洞连通处进行雷达波频谱分析结果看，除16～44MHz主频峰值反映了富水特征外，尚有两组副峰值，分别反映了岩溶内充填物与空腔（空气频谱特征）的存在，依据材质构成比经验公式计算得出：单点位介质构成比为含水量＝56％，填充物＝20％，空腔率＝22％，其他＝2％。

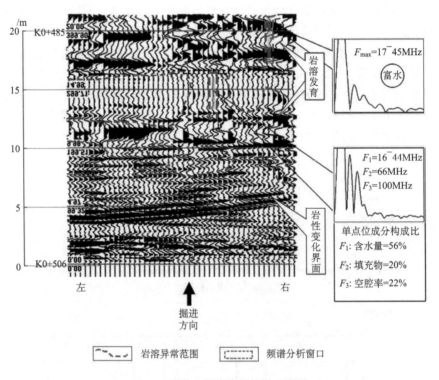

图 7.50　雷达图像分析解译示意图

3. 工程实例

以某矿井下工作面地质超前预报工作为例，采用频谱分析方法，对巷道掌子面前方围岩的性质进行半定性量化解译。

1）数据处理

采用 GR 雷达专业处理软件，对雷达数据进行分析处理。雷达图像采用变面积显示方式可直观反映雷达波的频率、振幅及衰减变化特征；采用背景去噪处理去除雷达天线的水平振荡干扰信号。图 7.51 为处理流程，图 7.52 为测线分布示意图。

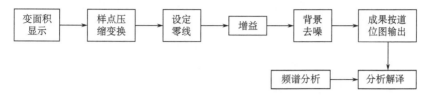

图 7.51　超前预报数据处理流程图

2）工程解释

工作面 3m×3m（宽×高），雷达剖面布置在横向断面上（见图 7.52），测线长度 2.5m，使用 100MHz 天线，参数设置：采集时窗 450ns，从左至右 16 次叠加点测。

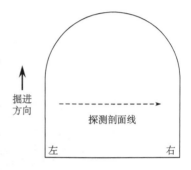

图 7.52　雷达剖面测线布置示意

根据雷达探测数据处理后得到的雷达图像（见图 7.53（a）），对圈定的岩溶区域进行频谱分析计算材质构成，结合井下工程地质情况，得出掌子面前方 20m 的地质解释结果（见图 7.53（b））：隧道前方 20m 范围内以灰岩为主，前方左侧 4～13m 有一明显的低频强反射区域，推断为一溶洞存在；在探测可控范围内不大于 30m³，并通过溶槽夹层通道得到水源补给；岩溶内充填物含量约占溶洞空间的 40%，即约有 12m³；由于溶洞与溶槽相连得到水源补给，开挖时应注意可能出现的涌水现象；因充填物饱水程度不大，从而不会有大规模突泥隐患的发生。

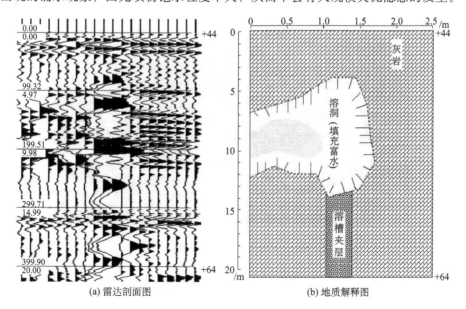

图 7.53　地质雷达超前预报成果图

7.4.2　时间剖面和滚动谱剖面综合应用

超前预报预测隧道掌子面前方溶洞以及溶洞是否含水可以从两个方面进行分析：时间剖面和滚动谱剖面。

时间剖面隐含着反射能量的强弱，对不含水的松散地段，反射能量较弱；对含水的地段，反射能量较强（横向能量比较）。对于含水和不含水的溶洞或松散区都表现为谱值低的特征。由于谱剖面避免时间剖面信号弱的特征，解释起来更容易一些。因此结合时间剖面和谱剖面信息，综合解释溶洞含水和不含水具有更好的效果。

图 7.54 是典型的含水溶洞雷达时间剖面，图 7.55 是对应的滚动谱剖面。

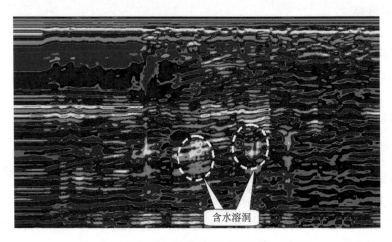

图 7.54　溶洞探测时间剖面

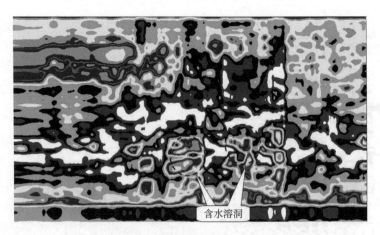

图 7.55　溶洞探测滚动谱剖面

该溶洞为含水，时间剖面为强反射、谱剖面数值为低。

7.4.3　三维切片显示技术在溶洞探测中的应用

2002 年 08 月 08 日，大风垭口隧道下行线 K255＋564 掌子面出现大量涌水，涌水量为 450m³/h。2002 年 09 月 23 日，上行线上导洞开挖至 K255＋600 桩号，在进行钻孔时，掌子面左侧下部约 1m 高处出现大量黄褐色涌水，涌水量达 126m³/h，射程达 6m，之后水量逐渐减小，为保证隧道施工安全，进一步探明掌子面前方地下水的分布情况，09 月 23 日 23 点进行侧壁导洞爆破，爆破结束后，侧壁导洞范围内出现大量涌水，并伴随有大量的泥沙涌出，涌水量达 1000m³/h 以上，经试验测定，隧道掌子面处涌水含泥量为 4.6%，上行线出现大量涌水后，下行线 K255＋564 处地质探孔基本无水。

为了较准确地探明涌水的原因，在掌子面上布置 4 条测线，如图 7.56 所示。

在 1m、3m、5m 处布置 A、B、C 三条水平测线；在掌子面上距左侧壁 2m 布置一条竖直测线 D。

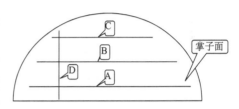

图 7.56　掌子面测线示意图

通过 6.6 节提供的方法，将测线数据进行网格化处理，形成三维空间体数据，对三维空间体数据进行时间切片，切片时间分别选取为 23.20ns、34.92ns、46.64ns、58.36ns、70.08ns 和 81.80ns，切片图片如图 7.57 所示。

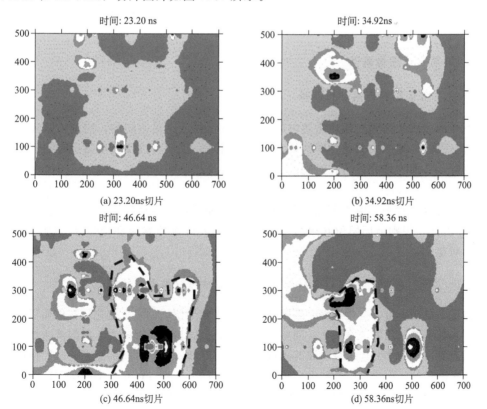

图 7.57　不同时间切片图像

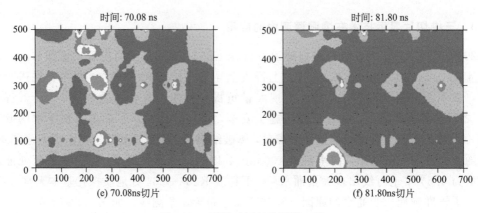

图 7.57　不同时间切片图像（续）

根据雷达切片显示在掌子面距前方 2m 和 5m 存在一个含水溶洞，溶洞位于掌子面中部。可以看出，采用三维切片能综合所有测线信息，避免单条测线解释的不确定性；同时更能准确判定掌子面前方溶洞的位置和距离。

7.5　地 质 勘 察

地质勘察一般用于查找地下结构，由于地下结构埋深较大，地质雷达常常采用低频天线探测。

7.5.1　地质雷达图像解译

1. 地质雷达探测地层层位解译

不同地质层位结构在地质雷达时间剖面上的反射波组是不同的，层位雷达反射信息隐含了电磁波在地层中的运动学特征和动力学特征，因而可以反演出雷达时间剖面上的地质信息，从而为地质雷达在时间剖面上识别各地层的构造信息、岩性、厚度变化提供了依据。

实际解释过程中，由于地层情况十分复杂，加上存在各种干扰（如铁器、管线、涵洞等），因此，识别地层层位必须结合研究区域内实际地质情况和通过多条测线勘察进行综合对比完成。

2. 地下空化裂缝、裂隙、断层破碎带在勘察时间剖面上的特征

由于断层破碎带、空化裂缝、裂隙往往造成正常地层层位发生变化，在地质雷达时间剖面上表现出如下几种主要特征：同相轴明显错动、同相轴局部缺失、局部雷达波波形畸变、局部雷达波频率变化、绕射波的出现等。在实际地质雷达时间剖面上，这些特征往往不是孤立出现的，而是以组合特征出现，因此，解释人员只有在充分了解研究区工程地质条件，结合专家经验才能准确解释地质现象。下面仅就地质雷达波运动学、动力学特征（相位、频率、振幅）等五方面地质雷达勘察资料的基本解释依据进行简要说明。

1）同相轴明显错动

浅层基岩中裂隙（缝）以张裂隙、张裂缝为主，这些张裂隙（缝）很容易造成地层某一层位发生错断，在地质雷达时间剖面上表现为同相轴错断，同相轴错断的"过渡点"位置对应于裂隙中心点位置，而在"过渡点"两侧同相轴一般无明显变化。这种情况下，地质雷达探测侧线通常布置为垂直裂隙（缝）走向，同相轴错断程度反映了裂隙发育程度、规模大小。

2）同相轴局部缺失

如果空化裂隙、裂缝走向沿雷达测线方向发育，那么由于空化裂隙、裂缝对雷达波的吸收衰减作用，在地质雷达时间剖面上，往往表现出可追踪对比的雷达反射波同相轴局部缺失。其缺失部位即为裂隙、裂缝发育位置；其缺失范围反映了裂隙、裂缝横向发育范围。但同向轴局部缺失亦可能在地层形成过程中由于沉积物的消失（如透镜体沉积）形成雷达波图像。

3）雷达波波形局部畸变

局部发育的小裂隙、小裂缝对雷达波具有衰减作用，使得正常雷达波在时间剖面上表现为局部波形畸变。

4）反射波频率变化

空化裂隙、裂缝的电磁弛豫效应，使得其对脉冲电磁波具有吸收和衰减特性，这种影响将引起反射波频率发生变化。

5）绕射波

当地下空化裂隙、裂缝发育，连通性较好时，在地质雷达波时间剖面上有时产生较为明显的绕射波。绕射波的形态反映了裂隙、裂缝张裂面（或断层面）的产状；绕射波波长的大小反映了其发育程度。

本节主要以国家天文台兴隆观测站地下构造探测为例。兴隆基地位于燕山主峰南麓，长城北侧，海拔 960m，隶属于国家天文台光学开放实验室，是国家天文台恒星与星系光学天文观测基地。地表出露为灰岩为主。

7.5.2　地下断层探测

断层最明显的就是地层发生错动，并且在断点附近，地层常常出现绕射。图7.58 是观测站地下构造探测雷达剖面。在这个剖面上存在一个 5m 断距的断层，在断层两侧都存在明显的绕射现象。

在测量站很多相邻两盘块体之间发生了扭动、转动形成剪状断层。由于扭动作

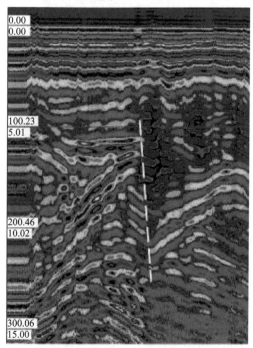

图 7.58　地下断层探测雷达剖面

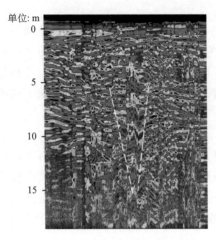

图 7.59　地下陷落柱探测雷达剖面

用,在断点周围岩石严重破碎,造成地表松散土壤向下渗漏,严重地段在地表形成陷落柱,在雨水冲刷下,地下陷落柱不断塌陷扩大,严重影响地表构筑物的安全。通过雷达探测,对陷落柱进行注浆加固处理。图 7.59 显示:在相邻断层两盘之间存在大量松散堆积物,两盘岩石非常破碎,在该处注入 50t 浆体。

7.5.3　地质层分界面探测

地层分界面产状对地表构造物的建造具有重要意义,尤其对确保地下承载力满足地表大型建筑结构应力需要具有重要意义。采用地质雷达精确探测浅层地质界面,为地上构筑物岩土工程设计提供依据。图 7.60 是观测站地下砂岩和灰岩的分界面,分界面埋深在 12m 附近。

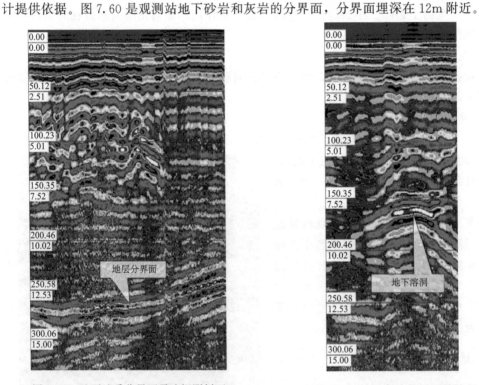

图 7.60　地下地质分界面雷达探测剖面　　　图 7.61　地下溶洞雷达探测剖面

7.5.4　地下溶洞探测

溶洞探测是地质雷达在地质勘察常常遇到的问题。图 7.61 是典型的溶洞探测图像,由于在岩石上进行探测,电磁波能量衰减与土壤相比大大减少,因此该地区地下溶洞在雷达剖面上存在明显的双曲线特征。

7.6　铁路公路路基检测

7.6.1　铁路路基病害检测

铁路路基结构主要分为三种：混凝土轨枕路基、隧道整体道床路基、隧道混凝土轨枕（含宽枕）路基。图 7.62 为铁路路基检测现场照片。

(a) GR雷达现场测试　　　　　　　　　　　　　(b) SIR雷达现场测试

图 7.62　铁路路基现场测试

铁路路基病害严重危险铁路运营安全，图 7.63 是发生铁路塌陷事故现场。

(a) 杭州萧山至宁波路基坍陷　　　　　　　　　　(b) 襄渝铁路塌方

图 7.63　铁路路基灾害

本节针对铁路路基常见的探测问题进行讨论。

1. 结构层划分

铁路路基一般分为四层：道碴层、基床层、基底层和基岩层。地质雷达探测技术，对路基施工厚度是否满足设计要求或路基结构层在运营之后是否发生变形具有较好的应用效果。图 7.64 是某铁路路基的雷达剖面，从探测剖面上可以清晰分辨出各层结构。

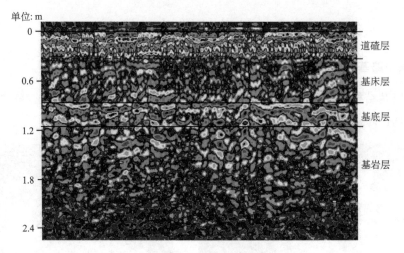

图 7.64　铁路路基结构层探测雷达剖面

2. 道床路基沉陷

道床路基沉陷是铁路路基主要病害之一。

道床下沉可分为初始急剧下沉和后期缓慢下沉两个阶段。初始急剧下沉表现为道床的不密实阶段在列车荷载作用下道碴被压实，孔隙率减小，使道床纵横断面发生变化，轨道产生不平顺；后期缓慢下沉阶段表现为道床的正常工作阶段，这时道床仍有少量下沉，下沉量与铁路运量之间有直接关系，尤其基底长期积水，造成路基松软，强度降低，列车通过后使路基变形。路基沉陷导致轨面产生不均匀下沉，造成轨面前后高低不平，容易造成铁路运营事故。

图 7.65 是铁路道床基底塌陷雷达剖面图，地质雷达探测技术不但可以准确查找坍陷位置，对塌陷量也可以准确给出。在基底坍陷处，往往伴随基底层破损松散现象。

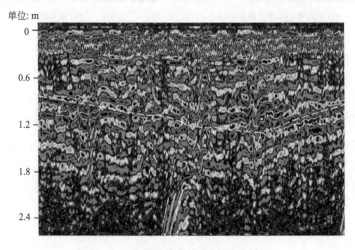

图 7.65　铁路道床基底塌陷雷达剖面

3. 道床充水

由于路基和道床排水不良，造成路基基底长期积水，道床积水造成路基松软强度降低，列车通过后使路基变形、道床沉陷；在车载的作用下，造成翻浆冒泥；翻浆使道床脏污、枕木腐朽、钢轨锈蚀。路基面变形使路基积水增加、线路不平，列车通过时路基和道床受力不均，又促使翻浆冒泥更加严重，发生恶性循环，严重时会造成路堤边坡坍塌，线路出现空吊轨枕和暗坑，危及行车安全。图 7.66 是雷达探测道床积水雷达剖面，由于积水存在，造成雷达波多次强反射。

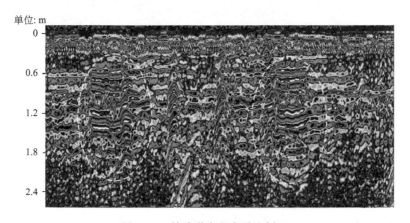

图 7.66　铁路道床积水雷达剖面

4. 道床污染

道床污染造成道床排水不畅，进而造成积水，从而引发翻浆冒泥的路基灾害。道床污染产生主要有以下原因：

（1）道碴本身的质量问题引起的道床污染。由于管内道碴多以石灰岩为主，含少量的风化石，按照《铁路碎石道碴》要求，石灰岩各项技术指标均达不到Ⅰ级道碴标准。石灰岩属碳酸盐类，抗冲击、抗压碎等性能差，易碎粉尘遇水溶解形成胶汁，影响排水，在北方易导致冻害。

（2）列车运输引起的道床污染。一是列车动载频繁冲击振动，使道碴相互摩擦，产生碎石粉末；二是由于列车上的散装货物，如砂子、煤炭等货物散落而污染道床；三是高坡大岭地段较多，列车制动减速，由于机车撒砂和闸瓦粉屑落入道床，加速了道床板结等病害的产生。

图 7.67 是道床污染雷达探测剖面，由于道床受到污染，道床与道碴之间、道床与基岩之间反射界面由突变转换为渐变过程，反射能量明显减弱，反射界面变得模糊不清晰；另外污染物的存在造成道床明显的散射现象，在雷达剖面上出现杂乱的反射同向轴。

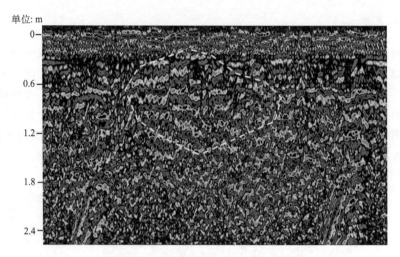

图 7.67　铁路道床污染雷达剖面

7.6.2　道路路基病害检测

　　道路病害的种类较多，但大致可分为两大类：一类是面层病害，主要指面层裂隙、面层脱空、面层凹陷；另一类是基础病害，包括疏松、脱空和空洞等。道路路基往往由于地基土软弱、承载力不足、压实度达不到要求等，而使路基产生过度沉降，形成脱空、空洞等病害，甚至产生坍塌现象。路基病害与路面病害往往相互作用、相互影响。但由于路基病害的隐伏性，其危害性比路面病害更大；因此在道路病害的研究中，我们重点关注路基疏松、脱空和空洞病害的检测和识别。

　　以北京地区为例，初步统计，近几年北京发生严重道路坍塌灾害数字具体如下：

　　（1）2003 年～2005 年，北京市道路严重塌陷灾害 7 起；

　　（2）2006 年，北京市道路主要塌陷灾害发生 11 起；

　　（3）2007 年至今，北京市道路主要塌陷灾害发生 13 起。

　　尤其在 2008 年 1 月 14 日，西城区锦什坊街一工地发生连续塌陷，一名路人被埋身亡。

　　道路坍塌几乎成为全国性问题。在杭州、天津、上海、山西、深圳等许多城市内都相继出现过道路路面塌陷的事故。严重的典型事故在 2008 年 7 月 1 日，深圳有一辆满载泥沙的泥头车行驶到龙岗坂田五和大道和长发路交叉路口时，路面突然坍塌，出现一个面积约 $80m^2$ 的大坑，泥头车陷进大坑，调查结果显示因地下供水管道破裂导致路面塌陷；2008 年 11 月 15 日 15 时许，杭州风情大道地铁施工工地发生大面积地面塌陷事故。一些行进中的汽车坠入塌陷处，据杭州地铁施工塌陷事故抢险指挥部初步公布的消息，截至 15 日 19 时 55 分，杭州地铁施工塌陷事故已造成 1 人死亡、16 人失踪。

　　图 7.68 是道路地表沉陷现场，图 7.69 为地质雷达道路现场测试照片。

图 7.68　道路地表沉陷

图 7.69　地质雷达道路现场探测

1. 路基基础沉陷

路基基础沉陷是地表产生裂纹的诱因，图 7.70 是北京某道路出现的裂缝，为了调查裂缝产生的原因，用地质雷达对该地段进行检测，图 7.71 是现场雷达检测过程。图 7.72 是雷达检测剖面。探测结果表明：

图 7.70　地表裂缝　　　　　　　　　　图 7.71　雷达探测现场

（1）存在两个层位界面信息，如图 7.72 所示，层位界面 1 存在明显沉降；

（2）存在三个松散区域，松散 1 和松散 2 介质较为破碎，松散 3 可能为虚土回填。松散 1 和松散 2 深度大约在 0.73m 左右；松散 3 在 1.6m 左右。

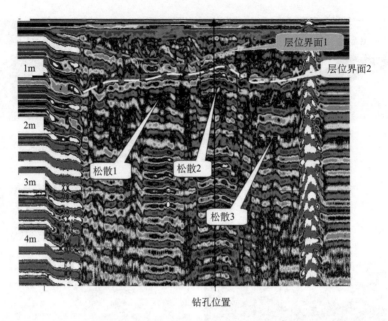

图 7.72　地表裂缝雷达探测剖面

桥头两侧由于施工原因，常常是路基隐患的多发地带。图 7.73 是桥头两侧雷达扫描图像，在桥头两侧 0.76m 深度的记录产生沉陷，在沉陷地段下面常常伴随路基基础破碎松散隐患。

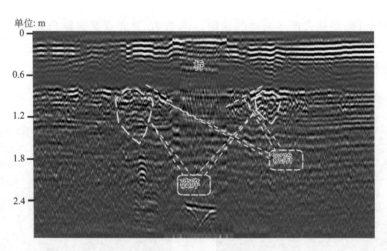

图 7.73　雷达探测桥头两侧路基剖面

2. 路基基础含水松散

路基基础由于水不畅，在局部地段易于存积地表水，积水导致路基基础承载力下降，是地表塌陷的初期表现，因此探测路基积水松散带具有重要意义。图 7.74 是地表积水雷达探测剖面。路基积水区为强反射信号。

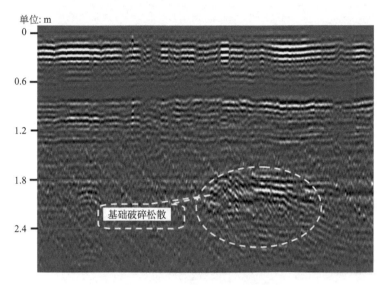

图 7.74　路基积水雷达剖面

7.6.3　公路面层厚度评价

公路面层厚度评价是在新修公路验收中的主要验收指标之一。本书 6.2 节给出层位厚度的识别算法，6.3 节中，依据《公路工程质量检验评定标准（JTG F80/1－2004）》对开发公路厚度评价方法进行详细描述。本小节对公路厚度评价的应用进行讨论。公路厚度质量评价首先进行层位厚度识别与提取；其次进行厚度评价，并将厚度评价结果导出。

1. 面层厚度识别与提取

1）资料处理

目前采用高频天线进行路面厚度探测，高速公路沥青面层通常分为上面层、中面层和下面层三层结构，因此对面层厚度也可以对不同组合的面层进行厚度评价。

厚度评价首先要进行厚度层位信号提取，如果直接对原始信号进行提取，在各面层之间介电常数差异较小的情况下，雷达波反射信号较弱，在弱信号之间进行层位提取，很容易产生误差。为此，先对层位信号进行增强处理，提高层位信号识别的精度和准确率，为高速公路提供准确评价。

图 7.75 是 GSSI2.2G 天线检测面层厚度雷达原始剖面，面层设计参数：4cm 上面层、5cm 中面层和 6cm 下面层。原始剖面显示上面层和中面层之间、中面层和下面层之间信号反射很弱，如果层位拾取产生一个样点偏差，势必影响评价准确性。因此对原始雷达剖面进行微分和小波变换等处理，提高信号的分辨率，处理结果如图 7.76 所示。

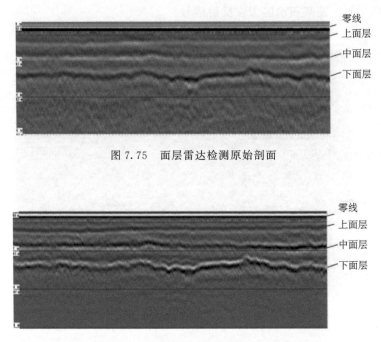

图 7.75　面层雷达检测原始剖面

图 7.76　面层雷达检测高精度处理剖面

　　通过对比，各面层之间的反射信号明显得到提高。在此基础上再进行层位识别追踪，可以获得良好的效果。

　　2）层位提取

　　利用前面介绍算法可以实现层位追踪，本次采用中国矿业大学（北京）开发的 GR 雷达处理分析系统 3.0 版本。追踪结果如图 7.77 所示。

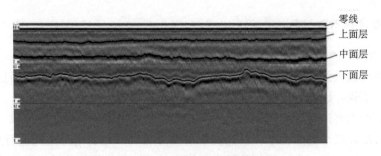

图 7.77　面层雷达检测层面追踪

2. 面层厚度评价及其导出

　　这里对上面层、中面层和下面层进行厚度评价，注意：中面层厚度是上面层和中面层厚度之和；下面层是三层厚度之和。

　　进行公路厚度评价需要输入以下参数内容（见图 7.78）：

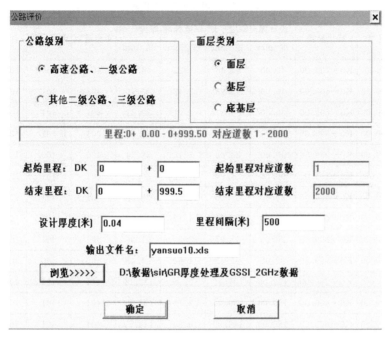

图 7.78　公路评价参数界面

（1）选定公路级别；

（2）选定面层类别；

（3）选择起始里程；

（4）选择结束里程；

（5）选择设计厚度；

（6）选择评价距离（里程间隔）；

（7）给出输出文件。

评价距离，可以根据实际应用需要给出，下面分别给出评价距离为 500m（见表 7.4）和 200m（见表 7.5）的应用例子。

表 7.4　500m 为评价单位

选取面层	起始里程	终止里程	设计厚度/mm	厚度平均值/mm	厚度标准差/mm	厚度代表值/mm	实测道数	合格点数	合格率	评分（20为满分）
上面层	K0+0.00	K0+500.00	40.00	45.51	2.63	45.51	1001	1001	100.00	20.00
	K0+500.00	K0+999.50	40.00	41.28	1.37	41.28	1000	1000	100.00	20.00
中面层	K0+0.00	K0+500.00	90.00	91.85	2.00	91.85	1001	1001	100.00	20.00
	K0+500.00	K0+999.50	90.00	99.11	2.58	99.11	1000	1000	100.00	20.00
下面层	K0+0.00	K0+500.00	150.00	136.61	7.85	136.59	1001	1001	100.00	20.00
	K0+500.00	K0+999.50	150.00	139.09	8.56	139.08	1000	960	96.00	19.20

表 7.5　200m 为评价单位

面层选取	起始里程	终止里程	设计厚度/mm	厚度平均值/mm	厚度标准差/mm	厚度代表值/mm	实测道数	合格点数	合格率	评分(20为满分)
上面层	K0+ 0.00	K0+200.00	40.00	44.46	1.22	44.52	401	401	100.00	20.00
	K0+200.00	K0+400.00	40.00	42.98	2.42	43.10	401	401	100.00	20.00
	K0+400.00	K0+600.00	40.00	39.37	1.01	39.42	401	401	100.00	20.00
	K0+600.00	K0+800.00	40.00	39.68	0.91	39.73	401	401	100.00	20.00
	K0+800.00	K0+999.50	40.00	38.08	1.18	38.14	400	400	100.00	20.00
中面层	K0+ 0.00	K0+200.00	90.00	86.54	1.12	86.54	401	401	100.00	20.00
	K0+200.00	K0+400.00	90.00	86.28	1.00	86.28	401	401	100.00	20.00
	K0+400.00	K0+600.00	90.00	87.29	4.12	87.28	401	401	100.00	20.00
	K0+600.00	K0+800.00	90.00	91.97	2.07	91.96	401	401	100.00	20.00
	K0+800.00	K0+999.50	90.00	94.49	1.64	94.48	400	400	100.00	20.00
下面层	K0+ 0.00	K0+200.00	150.00	137.10	2.66	137.09	401	401	100.00	20.00
	K0+200.00	K0+400.00	150.00	139.95	2.73	139.94	401	401	100.00	20.00
	K0+400.00	K0+600.00	150.00	144.80	6.65	144.77	401	401	100.00	20.00
	K0+600.00	K0+800.00	150.00	134.44	5.81	134.41	401	0	0.00	0.00
	K0+800.00	K0+999.50	150.00	143.04	4.15	143.02	400	400	100.00	20.00

　　对比表 7.4 和 7.5 可以发现如下特点：单位评价距离越小，面层局部起伏对评价指标影响越大，甚至不合格；相反，局部不合格由于空间比例小，在长评价单位距离只会影响到个别点不满足，而总体施工满足要求。

　　评价结果（见表 7.4 和 7.5）给出了标准差参数，标准差是判定面层起伏程度的重要指标。

7.7　其 他 应 用

7.7.1　建筑结构检测

　　利用地质雷达对金属材料的全反射特点，检测建筑物的钢筋分布情况，可以获得良好的应用效果。

　　在检测建筑物内部钢筋实际应用中，常常采用布置网格测线，如图 7.79 所示。利用测线位置，GR 地质雷达软件系统可以自动生成网格。

　　图 7.80 是雷达探测钢筋剖面，需要对雷达剖面进行处理，提取钢筋反射信号。利用 6.6 节提供算法，把图 7.79 所有测线雷达数据进行网格计算，构造出三维数据体，针对三维数据体进行切片，图 7.81 是 1.84ns 雷达切片。从时间切片上很容易看出钢筋分布状况。

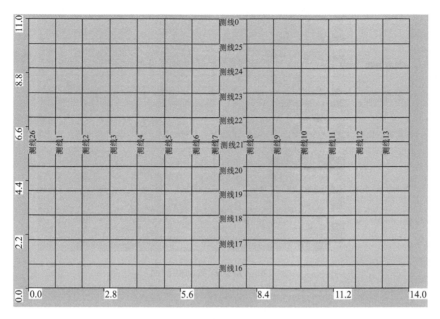

图 7.79　网格测线布置

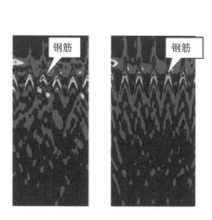

图 7.80　雷达探测钢筋剖面

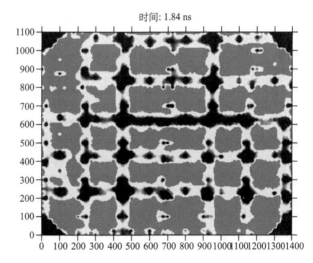

图 7.81　雷达探测钢筋三维切片图

7.7.2　水下结构调查

水下结构调查主要调查湖底和河底结构、湖底和河底淤泥分布等，为环境治理提供资料。由于湖水或河水介质均一，因此电磁波在水中传播时没有散射、绕射等现象，这为底部调查提供了有利的物理应用环境。图 7.82 是湖底调查雷达剖面。从探测剖面上，很容易清晰勾勒出底部形态，同时可以发现淤泥积累厚度。

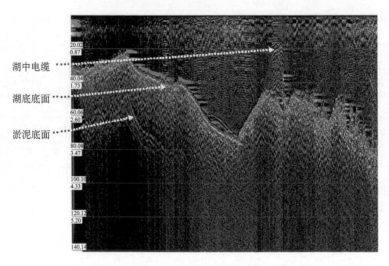

图 7.82　雷达探测湖底剖面

参 考 文 献

邓仰岭，韩新芳，赵地红，等．2007.非金属地下管线探测问题的探讨.勘察科学技术，（02）：62～64

彭苏萍，杨峰．2008.地质雷达探测空洞解释方法研究.见：中国地球物理学会第二十四届年会论文集.北京：中国大地出版社

曲海锋，刘志刚，朱合华．2006.隧道信息化施工中综合超前地质预报技术，岩石力学与工程学报，25（06）：1246～1251

宋雷，黄家会，南生辉．1999.地质雷达用于探测煤田自燃区的研究.煤炭科学技术，27（12）：23～25

王梦恕．2004.对岩溶地区隧道施工水文地质超前预报的意见.铁道勘察，30（01）：7～9，18

王学海．2004.城市地下管线探测的高新技术应用.测绘工程，13（01）：50～52

夏常春．2009.地质雷达探测技术在煤矿的应用.山东煤炭科技，（01）：2～3

许云磊，赵悦，杨春，等．2009.公路工程质量检测的探地雷达应用.科技资讯，（01）：169

杨峰，苏红旗．2005.地质雷达技术及其在公路隧道质量检测中的应用.筑路机械与施工机械化，22（10）：8～11

张维平，杨峰，江林英．2008.巷道地质超前预报中的雷达图像频谱解译初探.见：中国地球物理学会第二十四届年会论文集.北京：中国大地出版社

邹延延．2006.地下管线探测技术综述.勘探地球物理进展，29（01）：14～19